今すぐ使える かんたん ヤフオク！ とことん稼ぐ 攻略ガイドブック

Imasugu Tsukaeru Kantan Series : Yafuoku!

技術評論社

目次

第1章 ヤフオク!を始める準備をしよう

- **Section 01** ネット上でかんたんに売買!ヤフオク!のしくみ …… 10
  ヤフオク!とは／出品から落札までの流れ

- **Section 02** ヤフオク!なら安心安全に取り引きできる …… 12
  安心して取り引きするためのサポートが充実

- **Section 03** ヤフオク!で売ることができるものを知ろう …… 14
  ヤフオク!で売れるもの／ヤフオク!で売れないもの

- **Section 04** ヤフオク!の利用に必要なものと料金を知ろう …… 16
  利用に必要なもの／入札・出品に必要な料金

- **Section 05** Yahoo! JAPAN IDを登録しよう …… 18
  Yahoo! JAPAN IDを取得する

- **Section 06** ヤフオク!にログイン・ログアウトしよう …… 20
  ログイン・ログアウトする

第2章 お買い得商品を探して落札しよう

- **Section 07** ほしい商品を検索しよう …… 22
  キーワードから商品を検索する／カテゴリから商品を検索する

- **Section 08** 詳細な検索条件で商品を探そう …… 24
  条件を指定して商品を検索する

- **Section 09** 商品の状態と出品者情報をチェックしよう …… 26
  商品情報の画面構成／出品者情報を確認する／送料や支払い方法を確認する

- **Section 10** 希望する金額で入札しよう …… 30
  ほしい商品に入札する

- **Section 11** 入札した商品の動きを確認して再入札しよう …… 32
  入札したオークションを確認する／商品に再入札する

- **Section 12** 落札後の流れを知ろう …… 34
  取引ナビでやり取りする／商品を受け取って取り引きを終了する

| Section 13 | Yahoo!かんたん決済で支払いをしよう | 38 |

Yahoo!かんたん決済の使い方

| Section 14 | 商品を受け取って出品者を評価しよう | 42 |

出品者を評価する

第3章 出品して取り引きの流れを理解しよう

| Section 15 | ヤフオク!に出品する方法 | 44 |

出品のしくみと流れ／出品に必要な費用

| Section 16 | Yahoo! プレミアム会員の登録をしよう | 46 |

Yahoo! プレミアム会員登録をする

| Section 17 | 取り引きに必要な情報を登録しよう | 48 |

本人確認の手続きを行う／モバイル確認をする／書類による本人確認をする

| Section 18 | 取り引きする口座を用意しよう | 52 |

取り引きする口座を用意する／Yahoo!かんたん決済に登録する

| Section 19 | 出品する商品を用意しよう | 56 |

商品を出品する準備をする／出品の作戦を考える

| Section 20 | 商品の情報を登録して出品しよう | 58 |

商品のカテゴリを選択する／商品情報を登録する／商品写真をアップロードする
取引オプションを設定する／出品を確定する

| Section 21 | 落札されたら落札者の情報を確認しよう | 64 |

落札者の情報を確認する

| Section 22 | 商品を梱包して発送しよう | 66 |

商品を梱包・発送する／商品別のおすすめ配送サービス

| Section 23 | 匿名配送を利用しよう | 70 |

匿名配送とは／匿名配送で発送する

| Section 24 | 落札者を評価して取り引きを終了しよう | 72 |

落札者を評価する

第4章 商品ページを作り込んで多くの人に見てもらおう

- **Section 25** スマホでもできる!売れる商品写真の撮り方 ……… 74
  太陽光やシチュエーションを利用する／撮影した写真を画像編集アプリで補正する
- **Section 26** 中古品は撮影前に手入れしておこう ……… 76
  商品は手入れをして価値を上げる／掃除の手順
- **Section 27** 商品タイトルや商品説明にはキーワードを含めよう ……… 78
  ヒットしやすいキーワードをタイトルに／商品説明文にもキーワードを盛り込む
- **Section 28** 商品説明に必要な情報はずばりこの3つ! ……… 80
  正確な型番(商品名)を明記する／サイズを明記する／商品の状態を正確に説明する
- **Section 29** 過大な表現は絶対に避けよう ……… 82
  過大表現はトラブルを招く／商品の状態は慎重に判断する
- **Section 30** 傷や汚れなどのマイナスポイントの説明のコツ ……… 84
  商品のマイナス要素は明確に伝える／傷、しわ、汚れなどは写真で伝える
- **Section 31** 返金・返品対応は曖昧にせずはっきりと記載しよう ……… 86
  ユーザーに安心感を与えて入札を促す／返金・返品への対応
- **Section 32** HTMLを使って商品ページを編集しよう ……… 88
  HTMLで商品ページを作る／おすすめのHTMLテクニック

第5章 もっと工夫できる!出品・価格設定のコツをつかもう

- **Section 33** 安売りは厳禁!商品の「適正価格」を理解しよう ……… 94
  開始価格をよく考える／「最低落札価格」を使いこなす
- **Section 34** 過去の落札データを調べて参考にしよう ……… 96
  類似商品の落札データを調べる
- **Section 35** 人気商品には即決価格を設定すると効果的 ……… 98
  「即決価格」とは／即決価格の設定ポイントと設定方法
- **Section 36** 「自動延長」は必ず設定しておきたい機能 ……… 100
  自動延長とは／自動延長の注意点と設定方法
- **Section 37** オークションの終了日時はここがおすすめ! ……… 102
  終了日時はターゲットに合わせる／ターゲット別の狙い目の時間

Section 38	ユーザーからの質問には迅速に答えよう	104
	質問に回答する	
Section 39	出品中の商品に情報を追加しよう	106
	商品情報を追加する	
Section 40	再出品のときに見直したい改善ポイントはここ!	108
	落札されなかった原因を考える／再出品は戦略的に行う	
Section 41	ちょっとしたおまけを付けてライバルに勝とう	110
	おまけを付けてお得感をアピール／おまけは関連あるアイテムで	
Section 42	有料オプションで商品を目立たせるのもアリ	112
	商品ページを目立たせる／有料オプション一覧	
COLUMN	フリマ出品を活用しよう	114

第6章 大きく稼ぐ!商品仕入れに挑戦しよう

Section 43	もっと稼ぎたいなら商品を仕入れて売ろう	116
	ヤフオク!で稼ぐためのポイント／情報収集力と仕入れ力を磨く	
Section 44	ヤフオク!で売りやすいジャンルはこれ	118
	ヤフオク!で儲かる商品／売れそうな商品を考えるポイント	
Section 45	仕入れる前に情報をリサーチしよう	120
	「オークファン」で情報を収集する／オークファンの使い方	
Section 46	落札データを調べて人気商品を探そう	122
	落札データを分析する	
Section 47	ランキングやレビューから売れ筋商品をチェックしよう	124
	大手通販サイトの情報をチェックする／Amazonの情報を活用する	
Section 48	検索エンジンやSNSで流行を調べよう	126
	検索ワードランキングを調べる／SNSでトレンドを探る	
Section 49	大型古書店や家電量販店で商品を探そう	128
	古書店で商品を探す／家電量販店で商品を探す	
Section 50	地域限定の商品を仕入れよう	130
	地域の特産品を仕入れて出品する／地域限定バージョンのお菓子も人気	

| Section 51 | ネットフリマでレア商品を探そう | 132 |

プレミア価格のレア商品を探す

| Section 52 | ネット問屋で激安商品を仕入れよう | 134 |

インターネット上の問屋を利用する

| Section 53 | ネット上なら海外からの仕入れもラクラク | 136 |

インターネットで海外の商品を仕入れる

| Section 54 | 上級者はジャンク品に挑戦しよう | 138 |

ジャンク品を分解してパーツを売る／ジャンク品を完動品にして売る

| COLUMN | 古物商許可証を活用しよう | 140 |

第7章 スマホアプリでお手軽に入札・出品しよう

| Section 55 | ヤフオク!アプリでの入札・出品の流れ | 142 |

ヤフオク!アプリでできること／入札・出品の流れ

| Section 56 | ヤフオク!アプリをインストールしよう | 144 |

ヤフオク!アプリをインストールする

| Section 57 | ヤフオク!アプリでログインしてみよう | 146 |

ヤフオク!アプリでログイン・ログアウトする／ヤフオク!アプリのホーム画面構成

| Section 58 | スマートフォンで入札しよう | 148 |

商品を探す／入札する

| Section 59 | 落札できたら出品者と連絡を取り合おう | 150 |

出品者と連絡を取る／支払いをする

| Section 60 | 似た商品がいくらで売れるか調べてみよう | 152 |

類似商品を調べる

| Section 61 | 商品写真を撮影してアップしよう | 154 |

商品写真を撮影する／写真をアップする

| Section 62 | 商品の情報を入力しよう | 156 |

商品の情報を入力する

| Section 63 | プレビューで商品ページを確認して出品しよう | 158 |

プレビューを確認する／出品を確定する

| Section 64 | パソコンから出品した商品を再出品しよう | 160 |

パソコンから出品した商品も再出品できる／商品を再出品する

| Section 65 | 落札されたら落札者と連絡を取り合おう | 162 |

落札者と連絡を取る／商品を発送する

| Section 66 | スマホアプリから一括再出品を行おう | 164 |

一括再出品とは／一括再出品する

第8章　ヤフオク!トラブル・困った!解決技

| Section 67 | ヤフオク!で起きやすいトラブル | 168 |

トラブルには冷静な対応を

| Section 68 | 落札したのに取り引きを中止された! | 169 |

理由を確かめて対処する

| Section 69 | 落札者から連絡がない! | 170 |

時間をおいて何度か連絡する

| Section 70 | 落札をキャンセルしたいと言われた! | 171 |

「落札者都合」でキャンセルする

| Section 71 | 取り引き中の相手のIDが停止されてしまった! | 172 |

すぐに相手とヤフオク!に連絡する

| Section 72 | 出品中の商品について不審なメールが届いた! | 173 |

迷惑メールを受信拒否する

| Section 73 | 落札した商品が届かない! | 174 |

事前に出品者についてよく確かめる

| Section 74 | 不良品が送られてきた! | 175 |

詳細を伝えて対応してもらう

| Section 75 | 届いた商品が破損していた! | 176 |

お買いものあんしん補償を検討する

| Section 76 | 届いた商品が思っていたものと違う! | 177 |

商品満足サポートを利用する

| Section 77 | 偽造品が送られてきた! | 178 |

偽造品トラブル安心サポートを利用する

Section 78	送ったはずの商品が届いていない！	179
	まず配送業者に確認する	
Section 79	送った商品にクレームを付けられた！	180
	クレーム内容を確認して誠実に対応する	
Section 80	そのほかのさまざまなトラブル	181
	トラブルの傾向を知って回避する	
COLUMN	トラブルの相談と報告	182

第9章　付録

Section 81	ヤフオク!に使える便利ツール集	184
	情報収集ツール／入札・落札ツール／出品支援ツール／送料関連ツール／写真加工ツール	

索引 190

『ご注意』ご購入・ご利用の前に必ずお読みください

● 本書に記載された内容は、情報の提供のみを目的としています。したがって、本書を用いた運用は、必ずお客様自身の責任と判断によって行ってください。これらの情報の運用の結果について、著者および技術評論社はいかなる責任も負いません。

● ソフトウェアに関する記述は、特に断りのない限り、2018年9月現在での最新バージョンをもとにしています。ソフトウェアはバージョンアップされる場合があり、本書での説明とは機能内容や画面図などが異なってしまうこともあり得ます。あらかじめご了承ください。

● インターネットの情報については、URLや画面などが変更されている可能性があります。ご注意ください。

● 本書は手順の流れを以下の環境で動作を確認しています。ご利用時には、一部内容が異なることがあります。あらかじめご了承ください。
パソコンのOS：Windows 10
ブラウザ：Microsoft Edge 42／Google Chrome 69
iOS端末：iOS 11.4
Android端末：Android 6.0

以上の注意事項をご承諾いただいた上で、本書をご利用願います。これらの注意事項をお読みいただかずに、お問い合わせいただいても、技術評論社は対応しかねます。あらかじめご承知おきください。

■本文中に記載されている会社名、製品名などは、すべて関係各社の商標または登録商標、商品名です。なお、本文中には™マーク、®マークは記載しておりません。

第1章

ヤフオク!を始める準備をしよう

Section 01	ネット上でかんたんに売買！ヤフオク！のしくみ
Section 02	ヤフオク！なら安心安全に取り引きできる
Section 03	ヤフオク！で売ることができるものを知ろう
Section 04	ヤフオク！の利用に必要なものと料金を知ろう
Section 05	Yahoo! JAPAN IDを登録しよう
Section 06	ヤフオク！にログイン・ログアウトしよう

Section 01 ネット上でかんたんに売買！ヤフオク!のしくみ

オークション
出品・落札
フリマ

ヤフオク!は、生活ポータルサイトYahoo! JAPANが提供する日本最大級のネットオークションサービスです。誰でもかんたんに出品・落札でき、圧倒的な人気を誇っています。

第1章 ヤフオク!を始める準備をしよう

1 ヤフオク！とは

Keyword ▶ オークション

オークションとは、商品に対して競りを行い、もっとも高値を付けた購入希望者が購入の権利を与えられるという競売方式です。レアものやビンテージものなどは、オークションにより思わぬ高値で買い取ってもらえることもあります。また、なかなか手に入らないものを安価で手に入れられることもあります。

「ヤフオク！」は、食品や衣類などの生活用品から、自動車や不動産などの高額商品まで、常時約5,000万点以上の出品数を誇る、日本最大級のネットオークションサイトです。

実際のオークションと同様に、買いたい商品に対して希望の金額を提示して「入札」し、購入希望者の中でもっとも高い金額を維持すると「落札」が決定して、購入することができます。また、売りたい商品を「出品」し、もっとも高い金額を提示した人に販売することができます。このように、ほしい商品をなるべく安い金額で買え、持っている商品をなるべく高い値段で売れることが、ヤフオク！の魅力です。

ヤフオク！では、ガイドに従って入札や落札をかんたんに行うことができるうえ、定額で売買できる「フリマ出品」も利用可能です。安全に取り引きができるようサポートも充実しており、初めての人でも安心して買い物が楽しめます。

Keyword ▶ フリマ出品

オークションでは、落札まで時間がかかったり、実際に購入できるかわからないという不安がありますが、フリマ出品では、決められた金額でその場ですぐに売買することができます。詳細についてはP.114を参照してください。

ヤフオク!ではユーザーや出品数が多く、売買が成立しやすいことが特徴です。

2 出品から落札までの流れ

　ヤフオク！では、オークション出品またはフリマ出品で商品の売買を行うことができます。

　オークション出品では、オークション開始時間と終了時間、オークション開始時の「開始価格」を設定し、商品を出品します。この際、設定以上の金額で入札があった場合にその時点で落札される「即決価格」を設定することもできます。出品された商品を購入したい人は、開始価格・即決価格以上の金額で入札を行います。オークション終了時に最高額で入札している人、または、即決価格以上の金額で入札した人がその商品を落札し、入札金額で購入することになります。

　フリマ出品は、商品の定額販売専用の出品機能です。指定した金額ですぐに売買を完了することができますが、出品や商品落札後の手続きが簡略化されているぶん、出品できる商品に制限があります。

　どちらの方法で出品するかは、出品時に設定します。落札する場合は、下記のようにヤフオク！のトップページ（https://auctions.yahoo.co.jp/）で出品形式を選択できます。

Memo ヤフオク！アプリも利用可能

本書ではパソコンからのヤフオク！の利用方法をメインに解説しますが、ヤフオク！公式のアプリをダウンロードすれば、スマートフォンやタブレットからでもかんたんに利用することができます。ヤフオク！アプリは、Androidスマートフォンの場合はGoogle Play、iPhoneの場合はApp Storeからダウンロードできます。詳細については第7章を参照してください。

ヤフオク！のトップページで＜オークション＞をクリックすると、オークション出品の商品が検索できます。

＜フリマ＞をクリックすると、すぐに購入できるフリマ出品の商品が検索できます。

Hint 即決価格、フリマ出品が向いている商品

即決価格での出品やフリマ出品には、一般的なお店でも買えて、価格が広く知られている商品が向いています。そのような商品であれば、一般的に流通している価格より少し低額に設定しておくことで、落札を促すことができます。

Section 02 ヤフオク！なら安心安全に取り引きできる

安全対策
ヤフオク！護身術
サポート体制

ヤフオク！では、初めてネットオークションを利用する人でも安心して取り引きが行えるよう、出品から入札、入金、配送に至るまでの安全対策が施されています。また、未着や未入金、偽造品などのトラブルへのサポート制度も充実しています。

第1章 ヤフオク！を始める準備をしよう

1 安心して取り引きするためのサポートが充実

Memo ▶ 出品者に対する「評価」

「評価」とは、取り引き終了後に、出品者と落札者がお互いについて「非常に良い」～「非常に悪い」の間で評価し、コメントを付けるものです。取り引き前にこの「評価」をチェックすれば、悪質な入札者や落札者かどうか、ある程度判断することができます。

ネットオークションやネットフリマでは、顔の見えない相手と取り引きを行います。入金がない、商品が届かないなどといったトラブルが起きるのでは？ と不安に思う人もいるでしょう。もちろん、入札の際に商品状態を確認したり、出品者や入札者の評価をチェックしたりすることは大切です。しかし「ヤフオク！」はトラブルに対する対策や機能をしっかり備えているので、初心者でも十分に安心して使用することができます。

なお、ヤフオク！では、「ヤフオク！護身術」というWebページ（https://auctions.yahoo.co.jp/special/html/auc/jp/notice/trouble/）で、安全にオークションを楽しむための情報を提供しています。この「ヤフオク！護身術」では、トラブルにならないようにするための注意点とともに、万が一トラブルに巻き込まれたときの対応やサポート制度などを確認することができます。気持ちよく商品の売買を行えるよう、あらかじめ目を通しておくとよいでしょう。

「ヤフオク！護身術」のWebページでは、注意事項やサポート体制について確認できます。

ヤフオク！では、悪質な入札が行われないようにするための安全対策や、安心して取り引きするためのサポート体制も充実しています。代表的なサポート制度には、次のようなものがあります。

匿名配送

「匿名配送」とは、出品者と落札者がそれぞれ氏名や住所、電話番号などの個人情報を開示せずに取り引きができる配送サービスです。配送方法に「ゆうパック・ゆうパケット（おてがる版）」を指定することで、匿名配送が利用できます。

未着・未入金トラブルお見舞い制度

「未着・未入金トラブルお見舞い制度」とは、商品が届かない、入金がないなどのトラブルが起こったときに、支払金額や落札金額を最高50万円までTポイントで補償してくれる救済措置です。ただし、未着・未入金トラブルお見舞い制度の適用は1年に1回限りで、サポートの適用には審査が必要です。

商品満足サポート

「商品満足サポート」とは、サイズが合わないものや、破損や傷があるもの、商品説明とまったく違うものなど、満足できない商品が手元に届いた場合の救済措置です。こちらも落札金額分がTポイントで補償されます。ただし、商品満足サポートの適用は1年に1回限りで、サポートの適用には審査が必要です。

偽造品トラブル安心サポート

「偽造品トラブル安心サポート」とは、高級ブランド品など、商品説明には本物と表記されているにもかかわらず、届いた商品が偽造品だった場合に適用される救済措置です。落札金額分がTポイントで補償されます。ただし、偽造品トラブル安心サポートの適用はヤフオク！ストアで落札された対象のブランドの新品の商品に限られるため、落札の際は細心の注意を払いましょう。

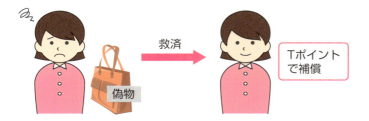

Keyword Tポイント

Tポイントとは、全国の加盟店で利用できるポイントカード「Tカード」のポイントです。Yahoo!JAPANにTカード番号を登録すると、TカードにTポイントを貯めたり、Yahoo!のサービスでTポイントを使ったりできるようになります。

Memo 偽造品

偽造品とは、本物と表記されているなど、ブランドの真正品として販売されている偽物商品のことです。たとえば、「○○風」「○○タイプ」など、真正品ではないということが表記されている商品については、偽造品とは扱われず、補償の対象にもなりません。

Keyword ヤフオク!ストア

ヤフオク!ストアは、Yahoo! JAPANが定める参加基準を満たした法人または個人事業主です。ヤフオク!ストアによる出品には STORE が表示され、代表者名や連絡先の住所、電話番号、メールアドレスなどを確認することができます。

Section 03 ヤフオク!で売ることが できるものを知ろう

| 禁止行為 |
| 禁止出品物 |
| 法的制約 |

ヤフオク!では、日用品や家電、本やCDなど、さまざまな商品を出品することができます。ただし、たばこや武器など、出品が禁止されているものもあります。トラブルやアカウントの取り消しに発展しないよう、よく確認しておきましょう。

1 ヤフオク!で売れるもの

Keyword ヤフオク!での禁止行為

ヤフオク!での出品に関して、ガイドラインで定められている主な禁止行為は以下のとおりです。

・出品物と直接関係のない画像や単語を商品タイトルや商品説明に掲載すること。
・出品物と無関係な商品の広告・リンクを掲載すること。
・出品画面上で商品説明を十分にしないこと。
・メールアドレスやURLなどを表記して、ヤフオク!外での取り引きを誘引すること。
・商品の落札価格に加えて輸送料や手数料などの名目で、不適切な金額を追加費用として落札者に求めること。
・商品を正しいカテゴリ以外に出品すること。
・1つのオークションで複数の種類の商品(形や色などが一致しない商品)を扱うこと。

　ヤフオク!では、本や家電から衣類や家具まで、さまざまなジャンルの商品を売買することができます。基本的には、**社会常識の範囲内のものであれば、ほとんどの商品が売買可能**だと考えてよいでしょう。ただし出品時には、適切な商品説明を怠ったり、1つのオークションで複数の種類の商品を扱ったりするなど、ガイドラインで定められている**禁止行為**を行わないように注意しましょう。

　また、中古品や、傷・破損のあるものなどでも出品可能です。ただし、こうした商品を出品する場合は、マイナス面について商品説明を十分に行う必要があります。

ヤフオク!で売れる主な商品

パソコン関連
パソコン、パソコン部品など。

家電関連
電子レンジ、テレビなど。

本・CD
雑誌、コミック、CD、DVDなど。

ファッション用品
衣類、バッグ、アクセサリーなど。

インテリア用品
机、椅子、棚など。

おもちゃ関連
プラモデル、ゲームなど。

2 ヤフオク！で売れないもの

　ヤフオク！には出品を禁じられているものがあります。拳銃や麻薬のように法律で販売を禁じられているものはもちろん、偽ブランド品、宝くじや債券、記名済みの航空券なども出品が禁止されています。

　また、魚類や虫類といった一部のもの以外の生き物の出品は禁止されています。そのほか、金券、興行チケット、スイムウェア（水着）、下着などについては「特定商品」として規定が設けられています（右中段のMemo参照）。

禁止出品物の例

法律で販売を禁止されている商品
拳銃、麻薬、偽造テレフォンカードなど。

その他
債券、有価証券、領収書、個人情報、機密情報など。

たばこ
海外からの輸入品を含む。

わいせつな品物
児童ポルノ、裏ビデオなど。

他人の権利を侵害する商品
無断複製した音楽CDや映画、ゲームソフト、コンピュータソフトなど。

武器として使用される目的を持つ商品
銃器類、刀剣、スタンガン、ヌンチャク、特殊警棒など。

法的制約があるものの例

医薬品、医療機器
動物用医薬品、漢方薬を含む。

健康食品
医薬品的な効能効果の表示については、薬事法で制限されている。

アルコール飲料
通信販売酒類小売業免許が必要となる。ただし、出品者が自ら消費する目的で購入したまたは他者から譲り受けた酒類のうち、家庭などで不要となったものを出品することは可能。

食品
食品衛生法および都道府県条例の規定に適合したもののみ可能。

製品安全4法が指定する商品
ガスコンロ、石油ストーブ、ライターなど。

 Memo 他サイトでOKでもヤフオク！ではダメ

Amazonでは輸入物のレーザーポインタが売られています。しかし、ヤフオク！では販売不可です。光線が目に入って、網膜を損傷する恐れがあるためです。このようにヤフオク！では独自にガイドラインを設けています。

 Memo 「特定商品」の詳細

「特定商品」の詳細は、「特定商品に関する規定」（http://guide.ec.yahoo.co.jp/notice/attention/type/specialty-goods-rule.html）で確認することができるので、一度目を通しておきましょう。

 Memo 禁止出品物以外なら出品はOK？

ヤフオク！で定めた禁止出品物のリストになければ、何でも出品してよいというわけではありません。社会常識的に問題があると思われる商品は、出品しないようにしましょう。

Section 04 ヤフオク!の利用に必要なものと料金を知ろう

Yahoo!JAPAN ID
Yahoo!プレミアム
Yahoo!ウォレット

ヤフオク!でオークションやフリマを利用するには、Yahoo! JAPAN IDが必要です。Yahoo! JAPAN IDの登録は無料で行えますが、パソコンからオークションに商品を出品する際には、Yahoo!プレミアムへの登録も必要になります。

1 利用に必要なもの

 Yahoo!JAPAN IDを登録する

Yahoo! JAPAN IDは無料で登録できます。詳しい登録方法については、Sec.05を参照してください。

ヤフオク！では、満15歳以上（中学生を除く）からオークションやフリマで商品を出品したり、出品されている商品に入札したりすることができます。ヤフオク！に参加するには「Yahoo! JAPAN ID」が必要なため、取得していない場合は新規に登録しましょう。

パソコンからオークションへ出品するには、「Yahoo!プレミアム会員」への登録（月額税込498円）が必要になります。ただし、ヤフオク！アプリを利用してスマートフォンからオークションへ出品する場合には、Yahoo!プレミアム会員への登録は不要です。

Yahoo!プレミアム会員費や、ヤフオク！のシステム利用料などは、クレジットカードか銀行口座を利用して支払います。これらの支払方法を「Yahoo!ウォレット」に登録して支払うため、ヤフオク！を利用する場合は、Yahoo!ウォレットの登録も必要となります。さらに、商品を出品する場合は、商品の代金を受け取るための銀行口座が必要になります。都市銀行の口座や、ゆうちょ銀行の口座を登録しましょう。

Yahoo! JAPAN IDは、ヤフオク!のトップページで＜新規取得＞をクリックして登録します。

Yahoo!ウォレット

Yahoo!ウォレットは、クレジットカードや銀行口座の情報を登録することで、Yahoo!やそのほかのサービスでの支払いに利用できるサービスです。ヤフオク!を利用するにはYahoo!ウォレットの登録が必要ですが、登録されていない場合は登録画面が表示されるため、その場での登録も可能です。

2 入札・出品に必要な料金

　ヤフオク！では、オークションやフリマでの入札・落札には使用料はかかりません。落札後の決済に「Yahoo!かんたん決済」と呼ばれる決済手数料無料の決済方法を採用（一部のカテゴリを除く）しているため、基本的に決済手数料も不要です。出品でも、フリマ出品の費用は無料です。オークション出品では、パソコンを利用した場合はYahoo!プレミアム会員費として月額税込498円がかかりますが、スマートフォンでヤフオク！アプリを利用した場合は無料です。

入札・落札（購入時）

月額使用料	無料
決済手数料	無料（Yahoo!かんたん決済利用の場合）

出品（販売時）

月額利用料	フリマ出品のみ	無料
	オークション出品する場合	プレミアム会員費 498円（税込）
出品システム利用料		無料
落札システム利用料（フリマ出品）	プレミアム会員	落札価格の8.64%（税込）
	プレミアム会員以外	落札価格の10.0%（税込）
落札システム利用料（オークション出品）		8.64%

詳細な料金は、「ヤフオク！ご利用ガイド」の「ご利用料金」ページ（https://auctions.yahoo.co.jp/guide/guide/fee.html）で確認できます。

> **Memo　オークション出品には有料オプションもある**
>
> 出品商品を効果的にPRするために、オークション出品のオプションとして、「太字テキスト」や「背景色」などを設定することができます。有料オプションと無料オプションがあり、自由に選択できます。詳細は、ヤフオク!ヘルプのWebページ（https://www.yahoo-help.jp/app/answers/detail/p/353/a_id/70069/）で確認できます。

> **Memo　ヤフオク!アプリを使う**
>
> ヤフオク!アプリを利用すると、Yahoo!プレミアム会員に登録しなくてもオークション出品ができるため、月額利用料は無料になります。ただし、利用できる機能には制限があります。詳細については第7章を参照してください。

Section 05 Yahoo! JAPAN IDを登録しよう

Yahoo! JAPAN ID
パスワード
利用登録

ヤフオク!を利用するために、まずはYahoo! JAPANのIDを取得しましょう。なお、このIDでは、Yahoo!メールなどのヤフオク!以外のYahoo!のいろいろなサービスも利用することができます。

1 Yahoo! JAPAN IDを取得する

> **Memo** Yahoo! JAPANのトップページはお気に入りに登録しておく
>
> Yahoo! JAPANのトップページやヤフオク!のトップページは、これから何度も表示することとなります。お気に入りに登録して、すばやく表示できるようにしましょう。

Yahoo! JAPANでは提供しているサービスの一部について、利用するにあたり、IDとパスワードの取得を求めています。IDとパスワードは無料で取得できます。

なお、登録にはメールアドレスが必要となります。

 Yahoo! JAPANトップページ（http://www.yahoo.co.jp/）にアクセスします。

 ＜ヤフオク!＞をクリックします。

 ヤフオク!のトップページの＜新規取得＞をクリックします。

> **Memo** すでにYahoo! JAPAN IDを持っている場合
>
> すでにYahoo! JAPAN IDを持っている場合、このページの手順は飛ばし、Sec.06以降の手順に進んでください。

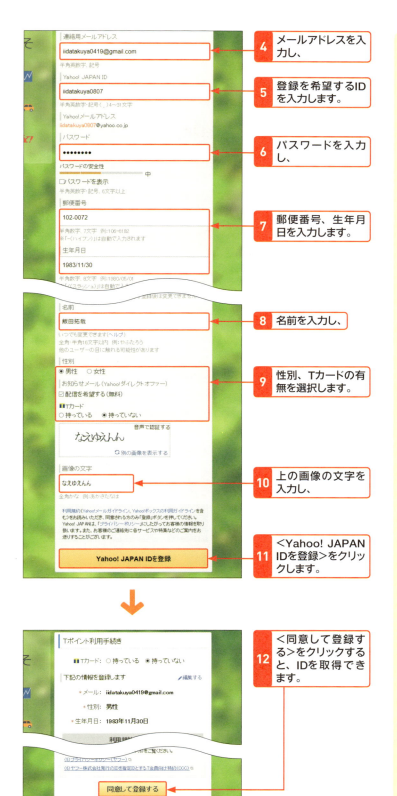

Memo ▶ 登録するメールアドレス

手順4で入力するメールアドレスは、プロバイダのメールアドレスでも、フリーメールアドレスでも構いません。ふだん使用しているアドレスを登録しておきましょう。

Memo ▶ 登録完了後メールが届く

登録完了後、手順4で入力したメールアドレスに、ID情報が記載されたメールが届くので確認しておきましょう。

Hint ▶ ヤフオク!の画面に戻る

手順12のあと、＜ご利用中のサービスに戻る＞をクリックすることで、ヤフオク!のトップページに戻ることができます。

Section 06 ヤフオク!にログイン・ログアウトしよう

ログイン
ログアウト
ID・パスワード

Yahoo! ID取得後は、ヤフオク!に自動的にログインできますが、一定期間を経過すると自動的にログアウトしてしまうため、再びログインする必要があります。ログインするためには、IDとパスワードが必要になります。

1 ログイン・ログアウトする

Memo ID取得後はログイン状態に

Yahoo! JAPAN IDを取得したあとは、Yahoo! JAPANに自動的にログインするので、ヤフオク!にもログインした状態になっています（P.19Hint参照）。

ヤフオク!では登録していなくても、出品されている品物を見ることはできます。しかし、出品・入札・落札するためには、Yahoo! JAPAN IDとパスワードでログインする必要があります。IDとパスワードを覚えておけば、スマートフォンやタブレット、ほかのパソコンからもログインできます。

ログイン

 ヤフオク!トップページ左上の＜ログイン＞をクリックします。

 IDを入力して＜次へ＞をクリックし、パスワードを入力して＜ログイン＞をクリックすると、ヤフオク!にログインできます。

ログアウト

 ヤフオク!トップページ左上の＜ログアウト＞をクリックします。

Hint どのようなときにログアウトするの？

自分一人でパソコンを使っている限り、基本的にログアウトする必要はありません。しかし、家族などで1台のパソコンを共有している場合は、他人に自分のアカウントを使われないよう、毎回ログアウトするようにしましょう。

第 2 章
お買い得商品を探して落札しよう

Section 07	ほしい商品を検索しよう
Section 08	詳細な検索条件で商品を探そう
Section 09	商品の状態と出品者情報をチェックしよう
Section 10	希望する金額で入札しよう
Section 11	入札した商品の動きを確認して再入札しよう
Section 12	落札後の流れを知ろう
Section 13	Yahoo!かんたん決済で支払いをしよう
Section 14	商品を受け取って出品者を評価しよう

Section 07 ほしい商品を検索しよう

入札・落札
キーワード検索
カテゴリ検索

まずは、ヤフオク！のしくみを学ぶために商品を落札してみましょう。ヤフオク！では詳細な条件を設定して商品を探すことができるので、自分がほしいものもすぐに見つかるはずです。

1 キーワードから商品を検索する

Memo 複数のキーワードで検索する

検索エンジンでの検索と同様に、複数のキーワードで検索することもできます。手順 2 でキーワードを入力する際、キーワード間にスペースをはさんで入力すると、該当する商品が検索できます。

ヤフオク！に慣れるためにも、まずはほしい商品をいくつか落札してみましょう。一度落札してみると、ヤフオク！の基本的な取り引きの流れがわかります。

商品は、ヤフオク！トップページから検索して探すことができます。探したい商品の名前やキーワードを入力して、検索してみましょう。商品の検索は、以下の手順で行います。

1 ヤフオク！のトップページを開きます。

2 キーワードを入力し、 3 をクリックします。

4 検索結果が表示されます。商品名をクリックすると、商品詳細ページ(Sec.09参照)が表示されます。

Step up 落札者として評価を高めて出品に役立てる

新規ユーザーは、評価がないこともあり、出品してもなかなか入札・落札してもらえません。しかし、買い手となり、出品者ときちんと取り引きをすることで、高い評価を得ることができます。評価を高めて、出品に備えましょう。

2 カテゴリから商品を検索する

出品されている商品は、詳細なカテゴリに分類されているので、カテゴリから商品を探すこともできます。

1 ヤフオク!のトップページを開き、「カテゴリから探す」の任意のカテゴリにマウスポインターを合わせます。

2 任意の詳細なカテゴリをクリックします。

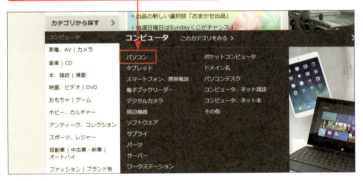

3 カテゴリに該当する商品が表示されます。商品名をクリックすると、商品詳細ページが表示されます。

 大きなカテゴリで検索する

手順**1**の画面の「カテゴリから探す」に表示されている、大きなカテゴリ自体でも検索できます。その場合は、「カテゴリから探す」で任意のカテゴリをクリックします。

 さらに細かいカテゴリで検索する

さらに細かいカテゴリで検索するには、手順**3**の画面で、画面左側に表示されている、より詳細なカテゴリをクリックします。

Section 08 詳細な検索条件で商品を探そう

入札・落札
検索条件
あいまい検索

ヤフオク!では、キーワード検索やカテゴリ検索だけでなく、詳細な条件で商品を検索できます。「価格帯」「出品地域」「商品の状態」「送料無料」など、さまざまな条件を指定することで、希望の商品をよりすばやく検索できます。

1 条件を指定して商品を検索する

Hint 検索条件を保存する

Yahoo!JAPAN IDでログインしていると、キーワード、カテゴリ、絞り込み、並び順などの検索条件を20件まで保存することができます。検索結果画面で＜検索中の条件を保存＞をクリックすると保存できます。保存した検索条件は、ヤフオク!のトップページで＜保存した検索条件＞をクリックすると呼び出せます。

1 ヤフオク!のトップページを開き、

2 ＜条件指定＞をクリックします。

3 キーワードで検索する場合はキーワードを入力し、

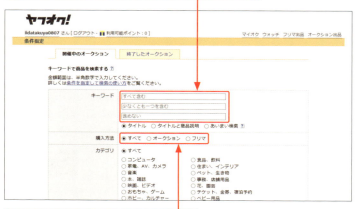

4 購入方法をクリックして選択します。

Keyword あいまい検索

手順 3 の画面で＜あいまい検索＞をクリックして選択すると、キーワードに関連するより多くの商品を検索することができます。たとえば、キーワードとして「カメラ」を指定すると、「デジタルカメラ」や「ビデオカメラ」なども検索することができます。

5 カテゴリをクリックして選択し、

6 現在価格・即決価格の範囲を入力します。

7 出品地域、出品者、商品の状態をクリックして選択し、

8 必要に応じてオプションなどをクリックして選択して、

9 ＜検索＞をクリックすると、検索条件に該当する商品が検索できます。

Hint ▶ 送料をなるべく抑えるには

送料をできるだけ抑えたい場合などは、手順 **7** の画面の「出品地域」でできるだけ近い地域からの出品されている商品を選ぶとよいでしょう。また、「オプション」で「送料無料」のチェックボックスをクリックしてチェックを付けると、送料無料の商品のみを検索することができます。

Keyword ▶ みんなのチャリティー

「みんなのチャリティー」は、ヤフオク!内で、誰でもチャリティーオークションとして商品を出品、落札できるしくみです。対象商品を落札すると、落札額の一部（10％）もしくは全額が、チャリティー募金として寄付されます。

Hint ▶ オークションIDで検索する

手順 **7** の画面で「オークションID」にオークションID（出品商品の識別番号）を入力して＜検索＞をクリックすると、オークションIDで商品を検索できます。また、「Yahoo! JAPAN ID」にYahoo! JAPAN IDを入力して＜検索＞をクリックすると、出品者や入札者のYahoo! JAPAN IDで商品を検索することができます。

Section 09 商品の状態と出品者情報をチェックしよう

入札・落札
商品詳細ページ
出品者情報

商品を選ぶ際には、商品の写真や説明文をよく読むことが大切です。そのほか「出品者情報」で出品者が信頼できる人かどうかをチェックしたり、送付や支払いの方法を確認したりして、入札するかどうか判断しましょう。

1 商品情報の画面構成

Memo 中古の商品はよく確認する

中古商品には新品に近いものから、かなり使い込んだものまで幅があります。また、傷などがあるものもあります。値段と商品の状態をよく検討して、納得できる商品に入札するようにしましょう。

ヤフオク！の商品詳細ページは、どの商品でも同じような構成になっています。まず、いちばん上に「入札件数」「残り時間」「現在価格」などが表示されています。また、オークションの「開始日時」や「終了日時」なども表示されています。入札したい商品の場合、「終了日時」を把握しておく必要があります。

こうした情報の下には、商品の説明が続きます。きちんと読んで商品の状態を確認しましょう。

ページ下部には「支払い方法」「配送方法」など取り引きに関する情報が記載されています。

商品の基本情報となる、商品タイトル、開始日時、終了時間などが確認できます。

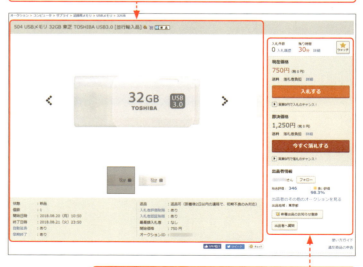

残り時間や現在価格、出品者情報などが確認できます。

Step up 秒単位で残り時間を確認する

商品詳細ページの「残り時間」の<詳細>をクリックすると、オークションの残り時間を秒単位で確認できます。

商品についての説明が記載されています。

支払い方法と配送方法が記載されています。

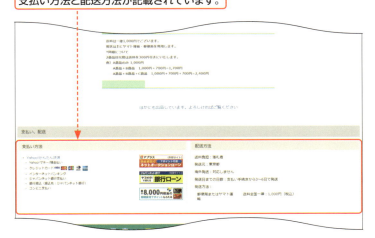

同じカテゴリの人気商品が表示されています。

Section 09 商品の状態と出品者情報をチェックしよう

Memo 「自動延長」の有無は必ずチェック

商品の詳細情報の中でも、とくに自動延長があるかないかは、必ず確認が必要です。自動延長が「あり」になっていると、終了5分以内に誰かが入札すれば、オークションも5分延長されます。大勢の入札者が熱くなって競り合っていると、値段も競り上がっていきます。

第2章 お買い得商品を探して落札しよう

Hint 出品者に質問をするには？

商品情報に記載されていないことで、商品について知りたいことがあれば、商品詳細ページの「出品者情報」にある＜出品者へ質問＞をクリックして、直接質問を送ることができます。終了日時に近いと回答が示される前にオークションが終了してしまう恐れもあるので、余裕を持って質問しましょう。なお、自分の氏名やメールアドレスなどの個人情報は、この時点では送らないようにしましょう。

商品を落札する

2 出品者情報を確認する

ヤフオク!の5段階評価

ヤフオク!の評価は、「非常に良い」「良い」「どちらでもない」「悪い」「非常に悪い」の5段階があります。「非常に良い」「良い」がつけられるとポイントが1上がり、「悪い」「非常に悪い」がつけられるとポイントが1下がります。「どちらでもない」ではポイントは変動しないというしくみになっています。このポイントを見ることで、取り引き相手の信頼度が推測できます。

気に入った商品が見つかったら、出品者情報をチェックしましょう。過去にトラブルのある出品者の商品については、入札するかどうか、十分に検討が必要です。トラブルの中には落札者に問題があって発生したものや事故によるものもあるので、評価内容をよくチェックしましょう。出品者の人柄や対応に問題がありそうに思える場合は、入札は避けた方が無難です。

出品者についての評価などの情報は、商品詳細ページからアクセスすることができます。

 商品詳細ページ画面右の「出品者情報」の「総合評価」の数字をクリックします。

出品者がほかの人からどう評価されているか、細かい情報を得ることができます。

今までの取り引き相手からのコメントを読むことができます。

Memo 自己紹介を確認する

商品詳細ページの「出品者情報」の出品者名をクリックすると、画面上部に出品者の自己紹介が表示されます。取り引きの注意事項や出品者の人柄などを、入札前に確認しておきましょう。

3 送料や支払い方法を確認する

　入札前には支払い方法と発送方法の確認も必須です。ヤフオク！では基本的には「Yahoo!かんたん決済」で支払いを行いますが、自動車やオートバイ、船など一部のカテゴリの商品では、銀行振込や代引きに対応している場合があります。

　発送方法としては宅配便やメール便などを利用することがほとんどです。発送方法や発送元の地域によって送料が変わってくるので、あらかじめ確認しておきましょう。また、発送方法によっては、発送中の荷物の追跡ができなかったり、紛失した場合の補償がなかったりするものもあるので、注意が必要です。

　支払い方法と発送方法の詳細は、商品詳細ページの中程に表示されています（P.27参照）。

> **Memo　入札前に消費税もチェック**
>
> 出品者の中でもとくにヤフオク!ストア（P.13参照）と呼ばれる法人の店舗の場合、落札価格に消費税をプラスするケースもあります。「思ったより高くついた」ということにならないよう、よく商品の詳細ページを確認することが大切です。

基本的にはYahoo!かんたん決済を利用します。クレジットカードや銀行口座からの引き落としにより、インターネット上で購入できます。相手にクレジットカードの番号などが伝わることはありません。

送料負担が落札者の場合、商品代金＋送料が合計金額となります。

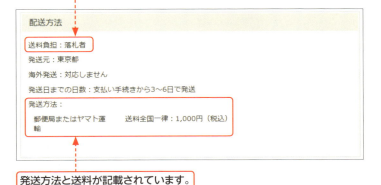

発送方法と送料が記載されています。

> **Memo　直接手渡しで受け取る**
>
> 自動車やオートバイなどの高額商品などでは、直接手渡しで受け取りが行われる場合もあります。現金手渡しの場合、のちのトラブルを避けるために、領収書の発行を求められることがあります。また、自分が出品者側に立てば、領収書を受け取るべきでしょう。

Section 10 希望する金額で入札しよう

入札・落札
オークション形式
入札単位

ほしい品物が見つかり、出品者にも問題がないと判断できたら、入札してみましょう。必ず落札できるとは限りませんが、オークションに参加して、その楽しさを実感してみましょう。

1 ほしい商品に入札する

Memo 入札開始価格があれば、その値段から

出品されている商品の多くは、入札開始価格が設定されています。この場合、設定された価格より安い値段では入札できません。

Memo 金額ごとの入札単位

商品の現在の価格によって、以下のように、入札できる金額の最低単位が決まっています。
・1円～1,000円未満：10円
・1,000円～5,000円未満：100円
・5,000円～1万円未満：250円
・1万円～5万円未満：500円
・5万円～：1,000円

Hint 入札者認証制限がある場合

出品者が入札者認証制限を設定したオークションでは、入札者のYahoo! JAPAN IDの本人確認が完了していない場合、手順のあとに認証を求められます。＜携帯番号で認証して入札する＞をクリックし、画面の指示に従って認証を行いましょう。

ほしい商品が決まったら入札してみましょう。基本的なオークション形式の場合、開始価格、もしくは現在付けられている価格よりも高い価格で入札する必要があります。なお、商品の現在の価格によって、入札できる金額の単位が決まっています（左中段のMemo参照）。この単位未満での入札はできないので気を付けましょう。

1 商品詳細ページで、＜入札する＞をクリックします。

2 ポップアップウインドウが開くので、入札金額を入力して、

3 ＜確認する＞をクリックします。

4 商品タイトルや金額などを確認し、＜ガイドラインに同意して入札する＞をクリックします。

5 ＜商品ページ＞をクリックします。

6 「あなたが現在の最高額入札者です」と表示されます。

Memo 入札後の取り消しはできない

いったん入札したら、ほかのユーザーがそれよりも高い金額を提示しない限り落札することになり、代金の支払い義務が発生します。落札意志のない入札は、絶対に避けるようにしましょう。

Keyword 最高額入札者

高値更新をすると、「あなたが現在の最高額入札者です」と表示されます。ただし、これはあくまで現時点での話なので、オークションの動向を確認し、最高入札額が更新されたら、再入札を検討しましょう。詳しくはSec.11を参照してください。

Hint メールアドレスへの通知

Yahoo! JAPAN IDを取得すると、自動的に、Yahoo!メールのアドレスも利用することができるようになります。アドレスは、自分が設定したIDが含まれたものになります。入札や落札の通知といったヤフオク!に関する連絡は、基本的に、このYahoo!メールのアドレスに届きます。

Section 11 入札した商品の動きを確認して再入札しよう

- 再入札
- 競り合い
- 自動入札

オークションでは、いちばん高い金額を付けた「最高額入札者」に落札する権利が与えられます。ほしい商品に対して自分の提示した金額より高い金額で入札が行われた場合は、より高い金額で「再入札」する必要があります。

1 入札したオークションを確認する

Keyword マイ・オークション

ヤフオク!のトップページの「マイオク」で<マイ・オークション>をクリックすると、「マイ・オークション」画面が確認できます。「マイ・オークション」画面では、出品中や入札中のオークションを確認できるほか、Yahoo!ウォレットや決済内容の確認なども行えます。

1 ヤフオク!のトップページを開き、「マイオク」の<入札中>をクリックします。

2 入札中のオークションが表示されます。任意のオークションをクリックします。

3 オークション画面が表示され、最新状況を確認できます。

Hint 「入札中」に表示されない

入札中のオークションが「入札中」の一覧に表示されないことがあります。この場合、オークションが終了していたり、オークションが取り消されていたり、出品者に入札を取り消されていたりする場合が考えられます。

2 商品に再入札する

1 P.32手順 2 の画面で、再入札したいオークションの＜再入札＞をクリックします。

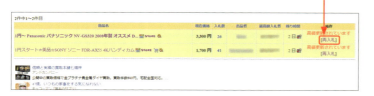

2 ＜入札する＞をクリックします。

3 再入札する金額を入力し、

4 ＜確認する＞をクリックします。

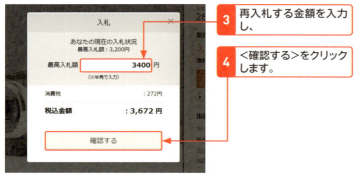

5 ＜ガイドラインに同意して入札する＞をクリックします。

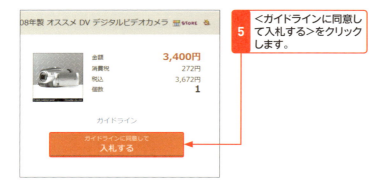

Memo 高値更新を知るには

自分より高値で入札があった場合、「マイ・オークション」画面で＜入札中＞をクリックすると表示される「入札中」画面の一覧に、「再入札」が表示されます。また、高値更新の通知がメールで届きます。

Key word 自動入札

ほかの入札者が、「自動入札」を設定している場合があります。自動入札とは、予算の上限（最高入札額）を入力しておき、金額が更新された場合、現在価格から最高入札額の間で自動的に入札するしくみです。どうしても落札したい場合は、さらにそれ以上の金額で入札する必要があります。

Section 12 落札後の流れを知ろう

- 商品落札
- 取引ナビ
- メッセージ

オークションの終了時に最高入札者になっていれば、その商品を落札することができます。ナビゲーションに従うだけで取り引きできる「取引ナビ」を利用して、スムーズに出品者とやり取りしましょう。

1 取引ナビでやり取りする

Memo 取引ナビへのほかのアクセス方法

ヤフオク!トップページで＜マイ・オークション＞→＜落札分＞の順にクリックし、任意のオークションの＜取引連絡＞をクリックすることでも、取引ナビにアクセスすることができます。

無事に商品を落札できたら、出品者と取り引きを行いましょう。取り引きはヤフオク！の「取引ナビ」で行います。以前は落札者と出品者の間でメッセージを交換することで取り引きが行われていましたが、現在では取引ナビに従って操作するだけで取り引きが完了するため、必要のある場合を除きメッセージのやり取りは不要です。

 落札時に届く落札通知メールの＜取引をはじめる＞をクリックします。

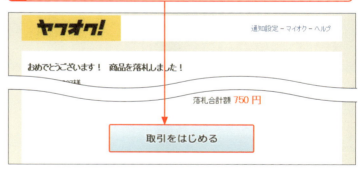

 ＜取引ナビ＞をクリックします。

Memo 取引ナビの閲覧期限

オークション終了後120日を過ぎると、取引ナビの情報が閲覧できなくなります。取り引き後も必要になりそうな情報は、別途保存しておくとよいでしょう。

3 <閉じる>をクリックします。

 4 「取引ナビ」画面が表示されたら、<取引をはじめる>をクリックします。

5 初回は「落札者情報」に氏名や住所などの情報を入力します。

Hint 出品者とメッセージをやり取りする

出品者とメッセージをやり取りする場合は、手順**4**の「取引ナビ」画面下部の「取引メッセージ」にメッセージを入力し、<送信する>をクリックします。質問や要望などがある場合に利用しましょう。なお、連絡を取り合えるのは、出品者と落札者それぞれ15回までです。

Hint 取り引き情報を確認する

取り引き情報を確認するには、手順**4**の「取引ナビ」画面下部の「取引情報」で<お届け情報・お支払い情報などを確認する>をクリックします。

落札者情報と違う住所に届ける

落札者情報と違う住所に届けたい場合は、手順6の画面で「お届け先住所」の＜その他の住所＞をクリックし、住所を入力します。

6 「お届け方法」「お届け先住所」「お支払方法」を確認・選択し、

7 ＜確認する＞をクリックします。

8 ＜決定する＞をクリックします。

9 ＜Yahoo!かんたん決済で支払う＞をクリックし、Sec.13を参考に支払います。

 配送エリアが離島の場合

配送エリアが離島の場合は、手順6の画面で「お届け先住所」の「配送エリアが離島の場合は、チェックを入れてください。」のチェックボックスをクリックしてチェックを付けます。

2 商品を受け取って取り引きを終了する

1 出品者が商品を発送すると発送連絡メールが届くので、メール内のURLをクリックします。

2 商品が届いたら、「商品を受け取りました。」のチェックボックスをクリックしてチェックを付け、

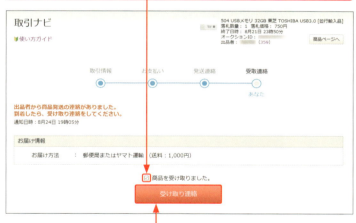

3 ＜受け取り連絡＞をクリックします。

4 すべての取り引きが完了します。

Hint 直取り引きで低価格を提示されたとき

出品者から直取り引きをもちかけられ、商品を低価格で提示されるようなケースがあります。しかし、ヤフオク!のシステムを通さない取り引きは禁止行為であるだけでなく、詐欺の可能性もあるため、応じないようにしましょう。

Memo 取り引きが完了したら

取り引きが完了したら、手順**4**の画面で＜出品者を評価する＞をクリックして、出品者を評価しましょう。詳細は、Sec.14を参照してください。

Section 13 Yahoo!かんたん決済で支払いをしよう

かんたん決済
支払い
クレジットカード

ヤフオク!では、基本的に「Yahoo!かんたん決済」で支払いを行います。支払いの手続きは、取引ナビを利用してスムーズに行えます。自宅のパソコンやスマートフォンから支払い手続きを行いましょう。

1 Yahoo!かんたん決済の使い方

Memo Yahoo!かんたん決済の手数料

Yahoo!かんたん決済の手数料は無料です。余計な追加費用を気にすることなく、安心して支払いができます。

ヤフオク!で落札したら、基本的にはYahoo!かんたん決済で支払います。Yahoo!かんたん決済では、クレジットカード、該当する金融機関のインターネットバンキング、ジャパンネット銀行支払い、銀行振込などが利用できます。取引ナビを利用して、以下の方法で支払いを行うことができます。

1 P.36手順9の画面で、＜Yahoo!かんたん決済で支払う＞をクリックします。

Hint かんたん決済で選べる支払い方法

かんたん決済では、Yahoo!マネー／預金払い、クレジットカード決済、コンビニ支払い、インターネットバンキング、ジャパンネット銀行支払い、銀行振込などの支払い方法を利用できます。銀行振込の場合は全国のATMや銀行窓口で支払いできますが、入金確認までに時間がかかる場合があります。

2 ログイン画面が表示されたら、Yahoo! JAPAN IDを入力し、

3 <ログイン>をクリックします。

4 広告が表示されたら、<閉じる>をクリックします。

5 落札金額を確認し、

6 必要に応じて送料を入力します。

Memo ▶ 支払う金額を間違えたら

支払い手続きが完了したあとに、支払い金額の訂正や追加送金、決済のキャンセルはできません。送料についても、一度手続きが完了した後に追加送金はできないので、注意が必要です。修正が必要な場合は、出品者と連絡を取り合って、個別に解決する必要があります。

Keyword Yahoo!マネーにチャージする

Yahoo!マネーで支払いをしたい場合は、手順**5**の画面で<チャージ(無料)>をクリックしてYahoo!マネーにチャージします。

Key word 支払いがキャンセルになる場合

出品者の受け取り口座が登録されていない、または口座情報に相違があり、所定の期間内に修正されなかった場合や、禁止事項に関わる取り引きの場合は、キャンセルとなり支払いできません。

7 支払い方法をクリックして選択し、

8 必要な情報を入力して、

9 ＜確認画面へ＞をクリックします。

10 ＜支払う＞をクリックします。

 Memo Tポイントの獲得

手順**7**で「銀行口座からの支払い」や「ジャパンネット銀行支払い」を選択した場合、Tポイントを獲得することができます。「銀行口座からの支払い」でジャパンネット銀行口座を利用した場合は2％、そのほかは1％のTポイントが獲得できます。

11 支払いが完了します。

12 ＜取引ナビ＞をクリックします。

13 「出品者に支払い完了の連絡をしました。」と表示されます。

| Memo | 支払い明細を確認する |

支払い明細を確認するには、手順**11**の画面で＜支払い明細＞をクリックします。

| Key word | Yahoo!ウォレットへの登録 |

初めてのYahoo!かんたん決済での支払いが完了すると、Yahoo!ウォレットへの情報登録も同時に完了します。

商品を受け取って出品者を評価しよう

評価
コメント
出品者

取り引きが終了したら、出品者と落札者でお互いに「評価」を行います。気持ちよく取り引きさせてもらったら、高い評価を付けるようにしましょう。また、丁寧な取り引きをすることで、相手もこちらに高い評価を付けてくれます。

1 出品者を評価する

Hint 「評価」を付けてもらえないときは

「評価」を付けるかどうかは、各人の自由です。「評価」を付けてもらえなくても、相手に強く「評価」を求めるのは避けて、気にしないようにしましょう。なお、商品を受け取ったら、その連絡をメッセージで送るとともに、「非常に良いで評価させて頂きました」と書いておくと、お返しによい「評価」を受けやすくなります。

1 P.35手順**4**の画面を表示して、＜出品者を評価する＞をクリックします。

2 「評価」を選択し、

3 「コメント」を入力します。

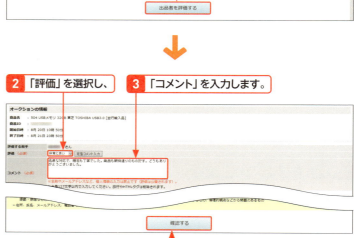

4 評価内容を確認し、＜確認する＞をクリックします。

5 コメントと評価内容を確認して、＜評価を公開する＞をクリックすると、評価が完了します。

Memo 問題のあった出品者への「評価」は?

問題のある出品者の場合、文句を言うと「非常に悪い」という評価を付けられることもあります。このような「評価」が付いてしまった場合は、コメントを付けて、第三者に不当な評価であることをアピールするのが適切な処理でしょう。こちらから先に悪い評価を付けると、報復として悪い評価を付けられることもあります。このような場合は「評価」を付けないのも対応の1つです。

第3章

出品して取り引きの流れを理解しよう

Section 15	ヤフオク！に出品する方法
Section 16	Yahoo! プレミアム会員の登録をしよう
Section 17	取り引きに必要な情報を登録しよう
Section 18	取り引きする口座を用意しよう
Section 19	出品する商品を用意しよう
Section 20	商品の情報を登録して出品しよう
Section 21	落札されたら落札者の情報を確認しよう
Section 22	商品を梱包して発送しよう
Section 23	匿名配送を利用しよう
Section 24	落札者を評価して取り引きを終了しよう

Section 15 ヤフオク!に出品する方法

出品 / Yahoo!プレミアム会員 / システム利用料

ヤフオク!でオークション出品をするには、Yahoo! JAPAN IDのほか、Yahoo!プレミアム会員への登録が必要です。また、実際に出品する前に、出品者の利用登録や口座の設定、通知の設定などをあらかじめ行っておく必要があります。

1 出品のしくみと流れ

Keyword: Yahoo!プレミアム会員

Yahoo!プレミアム会員は、さまざまな特典・サービスを利用できる有料の会員資格です。ヤフオク!で出品できるようになるほか、Yahoo!の関連サービスでクーポンなどを利用できるようになります。

ヤフオク！で出品するための準備として、Yahoo! JAPAN IDの取得のほか、主に次の項目の登録・設定が必要です。

・Yahoo!プレミアム会員登録
・モバイル確認または本人確認
・落札代金受け取り口座の設定

出品者は、商品を出品し、落札が確定したら、落札者に商品を送ります。落札による支払いはYahoo！かんたん決済によりヤフオク！で管理され、商品が落札者に届けられたあと、出品者の指定の口座に入金されます。

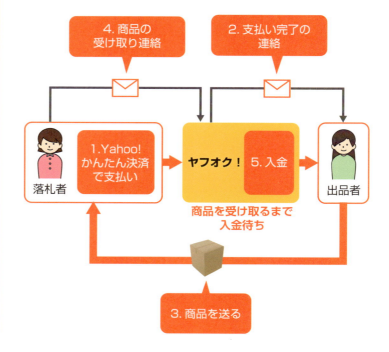

Hint: Yahoo!かんたん決済を使わない取り引きも

自動車やオートバイ、船など一部のカテゴリの商品では、銀行振込や代引きに対応しています。これらの取り引きでYahoo!かんたん決済を使わない場合は、右の流れとは異なります。

2 出品に必要な費用

ヤフオク！には、オークション形式や即決価格など販売形式をその都度指定できるオークション出品と、定額で出品するフリマ出品の2種類の出品方法があります（Sec.01参照）。出品に必要な費用は、出品方法によって変わります。

オークション出品の費用

パソコンやスマートフォンのWebブラウザからオークション出品をする場合、Yahoo!プレミアム会員に登録する必要があります。ただし、ヤフオク！アプリ（第7章参照）からのオークション出品では不要です。そのほか、オプション利用料やシステム利用料などが発生します。

Yahoo！プレミアム会員費	月額498円（税込）
落札システム利用料	8.64%（税込）
オプション料金	有料
出品取消システム利用料	540円（税込）／1出品あたり

フリマ出品の費用

フリマ出品の場合、Yahoo!プレミアム会員に登録しなくても出品することができます。ただし、出品した商品が落札されると必要になる落札システム利用料に違いが出ます。落札システム利用料は、各取り引きの落札額に対して計算されます。

Yahoo！プレミアム会員登録ありの落札システム利用料	8.64%（税込）
Yahoo！プレミアム会員登録なしの落札システム利用料	10.0%（税込）

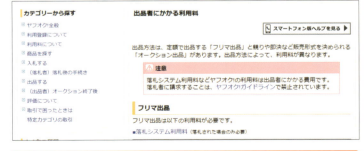

オプション利用料やシステム利用料の詳細は、ヤフオク！の「出品にかかる利用料」ページ（https://www.yahoo-help.jp/app/answers/detail/a_id/70069/p/353/related/1）を参照してください。

Keyword 落札システム利用料

落札システム利用料は、オークションに出品した商品が落札された際、出品者に対して請求される利用料金です。利用料は、落札単位で落札額に対し、小数点以下四捨五入して計算されます。

Keyword 出品取消システム利用料

オークション出品後に、商品の破損に気付いたり、やはり必要だと思い直したりして、オークションを取り消すことは可能です。ただし、入札があったオークションを取り消す場合には、出品取消システム利用料がかかります。

Section 16 Yahoo! プレミアム会員の登録をしよう

Yahoo! プレミアム
会員登録
出品

商品を出品するためには、Yahoo! プレミアムの会員として登録する必要があります。登録の際には月額料金（498円）を支払うためのクレジットカードまたは銀行口座が必要です。ここでは登録方法を解説します。

1 Yahoo! プレミアム会員登録をする

 Yahoo! プレミアム会員の特典

Yahoo! プレミアム会員になると、先着者限定で映画の試写を観ることができたり、飲食店やコンビニのクーポンがもらえたりします。特典は日々更新されるので、以下のWebページでこまめにチェックしましょう。

Yahoo! プレミアム
http://premium.yahoo.co.jp/

Yahoo!プレミアム会員の登録は、ヤフオク！のトップページから行います。登録を完了すると、ヤフオク！に自由に出品できるようになります。また、特定分野の商品を落札することも可能になります。

1 ヤフオク！のトップページで、＜オークション出品＞をクリックします。

2 ＜Yahoo!プレミアムに登録＞をクリックします。

3 パスワードの再確認のため、パスワードを入力し、<ログイン>をクリックします。

Memo 銀行口座から支払う

プレミアム会員の会員費を銀行口座から支払う場合は、Yahoo! JAPANの指定する銀行の口座を登録する必要があります。登録できる銀行は、2018年10月現在、ジャパンネット銀行、みずほ銀行、三菱UFJ銀行、楽天銀行です。

4 氏名、住所、電話番号を入力します。

Hint Yahoo!ウォレットを利用済みの場合

落札などでYahoo!ウォレットを利用済みの場合、手順4の画面では一部の情報がすでに入力された状態になっています。

5 決済の手段としてクレジットカードか銀行口座を選び、番号などを入力します。ここではクレジットカードを選んで入力しています。

6 記入漏れがないことを確認してから、<登録>→<はい>の順にクリックすると、登録が完了します。

Hint 無料登録サービスを行っている場合も

Yahoo!プレミアムでは、プレミアム会員に一定期間無料で登録できるようなキャンペーンを行っている場合があります。その場合は、画面の指示に従って会員登録を済ませてください。

Section 17 取り引きに必要な情報を登録しよう

本人確認
Yahoo!ウォレット
認証コード

ヤフオク!に商品を出品するには、Yahoo!プレミアム会員に登録するだけでなく、本人確認を行う必要があります。スマートフォンなどを使用する方法と、書類を使用する方法があるので、都合のよいほうを選択しましょう。

1 本人確認の手続きを行う

Memo 本人確認は正確な住所で

本人確認の際は住所が正しく設定されている必要があります。住所は自宅であることが前提となっており、勤務先などでは登録できません。

「本人確認」とはヤフオク！から届いた認証コードを指定されたWebサイトの記入欄に入力することで、申し込み者本人であることを確認する手続きです。オークション詐欺を防ぐ目的などのために行われています。

確認の方法としては、スマートフォンや携帯電話にSMSで認証コードが送られてくるモバイル確認と、アカウントの住所に書類が送られてくる本人確認があります。書類での本人確認は郵送のため数日前後を要するので、スマートフォンや携帯電話を持っている場合、モバイル確認を選ぶとよいでしょう。モバイル確認はP.49、書類での本人確認はP.50～51で解説します。

本人確認手続きの流れ

モバイル確認	書類での確認
電話番号を入力	住所情報を送信
↓	↓
	書類で認証番号が届く
	↓
届いた認証コードを入力	暗証番号入力フォームがメールで届くので入力

→ 本人確認完了

Memo 本人確認が不要な場合

Yahoo!カードを利用している人や、Yahoo! BBを契約している人のYahoo! JAPAN IDなどでは、本人確認は不要です。また、Yahoo!のほかのサービスですでに本人確認が済んでいる場合も不要です。

第3章 出品して取り引きの流れを理解しよう

2 モバイル確認をする

1 ヤフオク!のトップページで<オークション出品>をクリックします。

2 <モバイル確認>をクリックします。

3 スマートフォンか携帯電話の電話番号を入力して、

4 <確認する>をクリックします。

5 電話番号を確認して、<送信する>をクリックします。

6 スマートフォンか携帯電話に、認証コードが届きます。

7 認証コードを入力して、

8 <規約等に同意して認証する>をクリックすると認証が完了します。

Memo 本人確認の前にYahoo!プレミアム会員の登録が必要

本人確認（モバイル確認）をするには、事前にYahoo!プレミアム会員に登録しておく必要があります（Sec.16参照）。

Memo Yahoo!プレミアムは月初めの登録が有利

Yahoo!プレミアムの料金は、月ごとに498円が請求されます。仮に月末の30日や31日に登録した場合、わずか1日か2日の利用でも1ヶ月分として課金されます。月末までわずかな日数しかない場合は、翌月になるまで待ってもよいでしょう。

Memo 認証コードには有効期限がある

Yahoo! JAPANから届く認証コードには、有効期限があります。認証コードの発行申し込みを行ってから30分間有効ですが、それを過ぎると、手順**7**の画面で<認証コードを送りなおす>をクリックして、認証コードを再発行する必要があります。

書類による本人確認をする

Memo 発送書類の受け取りは本人のみ

本人確認を発送で行う場合、書類の受け取りは本人しかできません。家族でも受け取ることができません。さらに受け取りの際、運転免許証や保険証など、本人であることを確認できるものが必要です。できれば、書類よりモバイル（P.49参照）で確認したほうが効率的です。

1 ヤフオク!のトップページで＜オークション出品＞をクリックします。

2 ＜本人確認＞をクリックします。

3 記載されている内容を確認し、画面下部の＜本人確認の手続きにすすむ＞をクリックします。

Memo 本人確認は1日1回まで

本人確認は1日1回までしか申請できないので注意しましょう。

4 記載されている内容を確認し、<同意する>をクリックします。

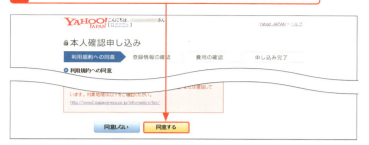

5 <次へ進む>をクリックします。

6 <本人確認に申し込む>をクリックします。

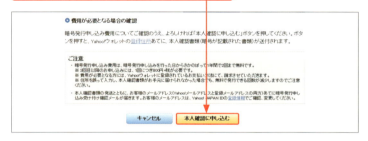

7 Yahoo! JAPANから入力フォームがメールで送られてきたら、郵送で届いた認証番号をそこに入力して送信すると、認証が完了します。

 書類が届かない場合は

申し込みから10日以上経っても書類が届かない場合は、登録した住所や名義が間違っている可能性などが考えられます。以下のヘルプを参考にして、確認しましょう。

本人確認書類が届かない
http://www.yahoo-help.jp/app/answers/detail/p/558/a_id/41093/faq/pc-home

 本人確認にかかる費用は？

本人確認の手続きは、1年に2回まで無料で行えます。3回目以降は1回につき800円（税抜）が必要になります。

Section 18 取り引きする口座を用意しよう

取引口座
かんたん決済
ゆうちょ銀行

ヤフオク!では代金の支払いに基本的にはYahoo!かんたん決済を使いますが、代金を受け取るには銀行口座の登録が必要です。ここでは、Yahoo!かんたん決済に銀行口座を登録する方法を確認しましょう。

1 取り引きする口座を用意する

Memo インターネットバンキングを利用しよう

雨の日や忙しい日に銀行へ行くのは手間です。しかし、インターネットバンキングに登録をしておくと、パソコンやスマートフォンから振込ができます。

ヤフオク！で代金を受け取るには、受け取り用の銀行口座を用意する必要があります。都市銀行から地方銀行までさまざまな銀行の口座が登録できますが、落札者が銀行振込をする際の振込手数料がそれぞれ異なることがポイントです。ゆうちょ銀行はゆうちょ銀行間ならATMでの振込手数料が月3回まで無料のため、落札者に好まれやすい銀行です。基本的には同じ銀行間の振込手数料は安くなる場合が多いため、利用者が多い都市銀行の口座を用意してもよいでしょう。インターネットやコンビニで使いやすい銀行もおすすめです。

ゆうちょ銀行　http://www.jp-bank.japanpost.jp/

利用者が多い都市銀行

三菱UFJ銀行　http://www.bk.mufg.jp/
三井住友銀行　http://www.smbc.co.jp/

インターネットやコンビニで使いやすい銀行

ジャパンネット銀行　http://www.japannetbank.co.jp/
楽天銀行　http://www.rakuten-bank.co.jp/

Memo ゆうちょダイレクトの手続きについて

ゆうちょ銀行を受け取り口座として設定する場合、「ゆうちょダイレクト」へ申し込むと便利です。これはインターネットバンキングの1つです。ホームページからパソコンで用紙をプリントアウトして必要事項を記入して郵送、または郵便局で記入して郵送します。手続きには1週間ほどかかります。

第3章 出品して取り引きの流れを理解しよう

2 Yahoo!かんたん決済に登録する

ヤフオク！では代金の支払いに基本的にYahoo!かんたん決済を使うため、Yahoo!かんたん決済への銀行口座の登録は欠かせません。下記の手順を参考にして、Yahoo!かんたん決済のWebサイトで、手持ちの銀行口座を登録しておきましょう。

Yahoo!かんたん決済のWebサイト（http://payment.yahoo.co.jp/）にアクセスしています。

1 画面右の＜出品者＞をクリックします。

2 ＜受取口座の登録／確認／変更＞をクリックします。

Memo ▶ 銀行口座への入金日

出品者が一般利用者の場合、落札者が平日の午後1時までに支払い手続きをすれば、翌営業日（土・日・祝日および年末年始は除く）に振り込まれます。落札者が平日の午後1時以降に支払い手続きをした場合は、翌々営業日に振り込まれます。なお、出品者の銀行口座がジャパンネット銀行の場合、土・日・夜間でも入金されます。ただし、休日に支払い手続きを行った場合、金融機関の営業時間まで反映されないことがあります。

Memo ▶ ゆうちょ銀行への入金日

落札者が平日の午後1時までに支払い手続きをした場合、3営業日後（土・日・祝日および年末年始は除く）に振り込まれます。落札者が平日の午後1時以降に支払い手続きを行った場合、4営業日後に振り込まれます。

ジャパンネット銀行支払いの場合

Yahoo!かんたん決済で、もっとも使い勝手がよいのは、ジャパンネット銀行です。落札者の支払い手続き完了と同時に振り込まれるのですぐに振込確認ができます。出品者と落札者の両方がジャパンネット銀行に登録していると、振込手数料無料で、インターネット上から振込ができるのも便利です。

Yahoo!ウォレットを利用済みの場合

落札などでYahoo!ウォレットを利用済みの場合、手順 5 の画面では一部の情報がすでに入力された状態になっています。

Yahoo!ウォレットを通して登録される

Yahoo!かんたん決済に出品者側として受け取り口座を登録する際、Yahoo!ウォレットを通して登録することになります。

3 再確認のためパスワードを入力し、

4 <ログイン>をクリックします。

5 氏名、住所、電話番号を入力します。

6 受け取り口座の種類を選択します。

銀行や信用金庫を登録する場合は、＜金融機関名検索＞をクリックします。

↓

 金融機関名一覧が表示されます。金融機関名をクリックし、続いて支店名を選択します。

↓

9 口座番号と口座名義を入力し、

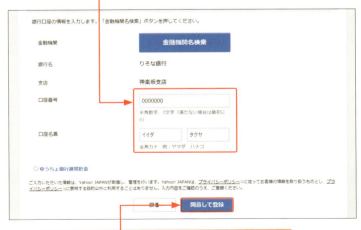

10 ＜同意して登録＞をクリックすると、登録が完了します。

 ゆうちょ銀行の場合

ゆうちょ銀行の口座を登録する場合は、P.54手順6で＜ゆうちょ銀行通常貯金＞をクリックし、「記号」「番号」「口座名義」を入力して登録します。

 登録内容を変更する

住所や銀行口座など、登録内容を変更する場合も同様に、P.53手順1～P.55手順10の操作を行います。

Section 19 出品する商品を用意しよう

出品準備
価格相場
出品の作戦

本人確認や口座の用意など、準備が整ったら、いよいよ出品です。商品の写真や説明文を工夫して、多くの人に入札してもらえるようにしましょう。ここでは、出品の手続きや、出品を成功させるための作戦の立て方について解説します。

1 商品を出品する準備をする

Memo 価格相場をチェックする

商品を出品する前には、ヤフオク!で同じような商品をチェックして、だいたいどのくらいの値段で売られているかをチェックしておきましょう。

ヤフオク!での出品は、出品フォームに沿って必要な情報を入力していけば、作業を完了できるようになっています。出品全体の流れがわかりやすくチャート化されており、はじめての人でも迷うことはあまりないはずです。

出品をする前には、商品の写真を撮ったり、商品説明文を用意したりといった準備が必要です。準備をせずに出品作業を始めると、入力ミスなどの原因となるため、できるだけ準備は先に済ませてから、出品フォームに入力するようにしましょう。

また、出品前には、ほかの出品者の説明を参考にして、どのような商品タイトルや商品説明文を載せると、多くの入札を集めることができるか考えてみることも重要です。

出品前の準備

・商品タイトルを考える。
・商品説明文を用意する。
・商品のメーカー名や型番、基本スペックなどを調べる。
・写真を撮影する(部分拡大など複数)。
・梱包して大きさと重さを計測し、送料を算出する。

Memo 入力の流れを把握しておく

実際の商品情報の入力の流れを把握しておくと、より具体的な出品準備をすることができます。あらかじめSec.20を読み、入力の流れを確認しておきましょう。

タイトルに付けると魅力的な言葉の例

レア・限定：手に入りにくい商品を買うチャンスと思わせる。
送料無料：お得感を出す。出品者から見ると、送料を割り出す手間が省ける。
1円スタート：気になって思わずクリックしてしまうことも。
新品・美品・未開封：誰でもきれいな商品がほしいという心理をつく。
○○モデル：マニアの興味をそそる。
○○愛用：ファンの興味をそそる。
即決あり：仕事などで至急必要としている人を引き付ける。

Hint タイトルで入札を誘う

ヤフオク!では、商品を検索した際、検索結果には基本的に商品写真1枚とタイトルが表示されます。そのため、インパクトのあるタイトルにすることで、同じような商品の中でも目立ち、興味を持ってもらいやすくなります。

2 出品の作戦を考える

　商品を出品するときには、前もって大まかな作戦を考えておくのが成功の秘訣です。
　まず、**いくらでスタートするか**は、必ず考えましょう。1円でスタートすると、多くの人が入札して競り合い、結果的に高額で落札される場合もあります。しかし、不本意に安い価格で落札される恐れもあります。**もっとも高く売れそうな金額を考えてスタートする**ことが大切です（Sec.33参照）。

　また、ヤフオク!では、オークションの開催期間を1～8日の間で設定できます。期間は長いほうが多くの人の目に触れますが、終了までに忘れられてしまう恐れもあります。商品によっても**適正な期間**は異なるため、売りやすそうな日数で設定しましょう（Sec.37参照）。また、終了日時は自分が対応できる日にしておくことが、何よりも重要です。

Hint 終了時間は夜に設定するのが基本

特別な商品を除けば、オークションの終了時間は夜9：00～10：00の間で設定するのが一般的です。仕事から帰った人でも入札できるからです。曜日は基本的に、自分が落札者に連絡できるような日を設定しましょう。

Memo 効率を考えて日時を設定する

複数の商品を出品する場合は、終了日を同じ日時にして、一気に落札処理するなどの工夫をすると、効率的に発送作業を行うことができます。ただし、「作業を分散させたほうが楽」という場合は、日時を分散させましょう。

- ゆっくり値段をつり上げるか、安めに即決価格を設定して、早く売るか？
- いくらでスタートするか？
- 即決価格に対する値引き交渉には応じるか？
- 何曜日の何時に終了時間を設定するか？

Section 20 商品の情報を登録して出品しよう

|商品情報|
|商品写真|
|取引オプション|

商品を出品する準備ができたら、実際に商品情報を入力して出品します。商品写真のアップロード方法や、「取引オプション」の設定方法などについても、あわせて確認しましょう。

第3章 出品して取り引きの流れを理解しよう

1 商品のカテゴリを選択する

> **Memo 初回の出品の場合**
>
> 初回の出品の場合は、手順1のあとに「出品者情報確認」画面が表示されます。出品者情報を入力して＜確認する＞をクリックし、「出品者情報の開示に同意する」のチェックボックスをクリックしてチェックを付け、＜登録する＞をクリックします。

　ヤフオク！に商品を出品するには、ヤフオク！トップページの＜オークション出品＞（フリマ出品の場合は＜フリマ出品＞）をクリックして出品画面を開きます。まずは商品の**出品カテゴリ**を選択します。

1 ＜オークション出品＞をクリックします。

2 カテゴリを選択します。

> **Memo 複数カテゴリへの出品は規約違反！**
>
> ヤフオク!では、1つの商品は1つのカテゴリにしか出品できないことになっています。複数カテゴリへの出品は規約違反になるので、気を付けましょう。

3 下層のカテゴリが表示されるので、細かい分類を選択し、

4 ＜このカテゴリに出品＞をクリックします。

> **Hint 商品カテゴリがわからないときは？**
>
> 出品したい商品がどのカテゴリに入るか、よくわからないときは、類似した商品をヤフオク!で探して、参考にしましょう。

58

2 商品情報を登録する

続いて、オークションのタイトルと商品説明を入力します。

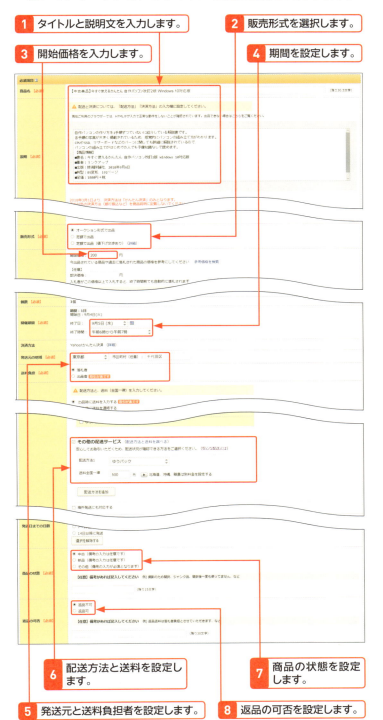

1 タイトルと説明文を入力します。
2 販売形式を選択します。
3 開始価格を入力します。
4 期間を設定します。
5 発送元と送料負担者を設定します。
6 配送方法と送料を設定します。
7 商品の状態を設定します。
8 返品の可否を設定します。

Memo 飾り文字でタイトルを目立たせる

タイトルの最初や最後に☆や◇などの記号を使うと、商品一覧で自分の出品物が目立ちやすくなります。工夫してみましょう。

Hint 販売形式の違い

手順2で＜オークション形式で出品＞を選択すると、自由な価格で入札できるオークション形式になります。＜定額で出品＞を選択すると、即決価格を設定できます。

Memo 値下げ交渉を設定する

手順2で＜定額で出品（値下げ交渉あり）＞を選択すると、落札者から値下げ交渉の依頼が届く場合があります。交渉が成立すると、その価格で落札され、オークションが終了します。

Hint 匿名配送を利用する

ヤフオク!では、匿名で配送できる「匿名配送」を利用できます。詳細については、Sec.23を参照してください。

3 商品写真をアップロードする

Memo メーカーの写真は使わない

自分で撮影する手間を惜しんで、メーカーなどの写真を無許可で使うと、著作権法違反に問われる恐れがあります。また、商品の状態を正確に伝えることになりません。写真は必ず自分で撮影したものを使いましょう。

商品の写真は、商品の状態を買い手に知らせるために重要なものです。写真がなくても出品はできますが、極端に入札数が減り、落札価格が安くなってしまいます。デジカメを持っていない場合は、スマートフォンや携帯電話でもかまわないので、写真を撮って載せることが大切です。

商品によっては、正面からだけでなくいろいろなアングルから撮影して、その商品の状態を正確に伝えるようにしましょう。商品に傷や汚れがある場合は、アップで撮影して正直に伝えることが大切です。きちんと写真を見せれば、買い手も納得して入札するので、あとでクレームも付きにくくなります。

前ページの手順の続きです。

1 「画像のアップロード」の＜またはファイルを選択＞をクリックします。

Hint 写真をドラッグしてアップロードする

手順 **1** の画面で、「画像のアップロード」の＜ドラッグ&ドロップ＞に写真をドラッグすることでも、写真をアップロードできます。

2 アップロードする写真の入っているフォルダをダブルクリックします。

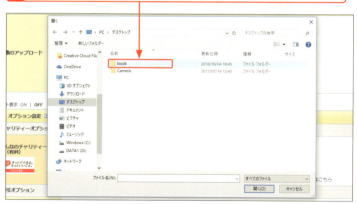

Step up アップロードできるデータについて

ヤフオク!でアップロードできる商品写真は、1枚あたり5MB以内で、JPEG形式、またはGIF形式である必要があります。また、高さ、もしくは幅が1,200ピクセルを超える場合は、縮小して掲載されます。

3 アップロードする画像をクリックします。

4 <開く>をクリックします。

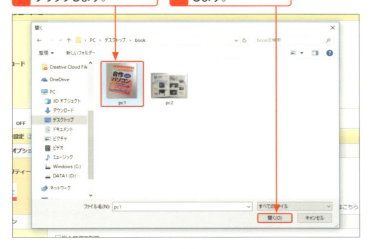

5 写真がアップロードされます。

6 写真を追加する場合は、<+>をクリックし、P.60手順**2**～P.61手順**4**をくり返します。

7 追加写真がアップロードされます。

Step up 数多くの写真を載せるには？

ヤフオクでは掲載できる写真は10枚までということになっていますが、「フォトコンバイン」などの画像編集ソフトを使用して複数の写真を連結して1枚にすれば、多くの写真を見せることができます。ただし、個々の写真は小さくなるので、あまり細かい写真は使わないようにしましょう。

フォトコンバイン
http://kks-box.net/auction/tools.php?gpage=photocombine

Step up 1枚目の画像はサムネイルになる

1枚目にアップロードした画像は、商品検索結果の一覧画面で、サムネイルとして表示されます。そのため1枚目の画像は、クリックしてもらいやすいように、何の商品かわかりやすく、きれいなものを選びましょう。

4 取引オプションを設定する

Hint 「自動再出品」を設定する

右の画面で、「自動再出品」を設定しておくと、落札されずにオークションが終了した場合、自動的に再出品となります。また、自動再出品のたびに開始価格をどれだけ下げるかを指定できます。

Hint 有料オプションを利用する

ヤフオク!に何回か出品して慣れてきたら、有料オプションも利用してみましょう。自分で希望する価格より安い価格で落札されないようにする最低落札価格のほか、「注目のオークション」の設定、太字テキスト、背景色、目立ちアイコンなどのPR要素があります。詳細はSec.42を参照してください。

Step up 海外発送を行うには、どうする?

記入欄には海外発送に対応するかどうかを問う項目もあります。「オフ」にする人が多いですが、「EMS」などの輸送サービスを活用すれば、比較的かんたんに発送できます。

EMS（国際スピード郵便）
http://www.post.japanpost.jp/int/ems/

続いて、取引オプションを設定します。ヤフオク!では総合評価の低いユーザーの入札を制限したり、オークション終了時間を伸ばすことができる「自動延長」など、オプションを設定できるようになっています。高収益を確保するために、取引オプションも必要に応じて設定しましょう。

前ページの手順の続きです。

入札者評価制限：総合評価が「-1」以下のユーザーからの入札を制限します。

自動延長：オークション終了5分前に価格が上がったら、自動で時間を延長します。競り合いで落札価格が上がることが期待できます。

最低落札価格：設定した価格より下の価格で落札できないようになります。

早期終了：予定より早くオークションを終了できます。早めに売上を得たいときなどに利用します。

5 出品を確定する

前ページの手順の続きです。

1 必要な項目を入力したら、＜確認画面へ＞をクリックします。

2 ＜出品する＞をクリックします。

3 出品が完了します。

Memo プレビューで内容を確認する

手順2の画面には商品画面がプレビュー表示されます。内容に間違いがないかしっかりと確認しましょう。修正したい場合は、＜修正する＞をクリックして前の画面に戻ります。

Memo 商品を入れる箱は先に用意する

多くの運送サービスでは、箱の縦・横・高さの合計で送料が決まります。商品を送るための箱は、あらかじめ用意しましょう。重さで送料が決まるサービスの場合、クッション材の重さも影響することがあります。出品前にひと通り準備をすると、安心です。

Section 21 落札されたら落札者の情報を確認しよう

落札
取引ナビ
通知メール

出品した商品に入札があり、落札が決定すると、通知メールが届きます。通知メールのURLから取引ナビにアクセスし、落札者の情報を確認しましょう。送料など、連絡事項がある場合も取引ナビからメッセージを送信できます。

1 落札者の情報を確認する

Hint ヤフオク!トップページから取引ナビを開く

ヤフオク!トップページの「マイオク」で＜出品終了＞をクリックし、該当するオークションのタイトルをクリックして、＜取引ナビ＞をクリックすることでも、取引ナビを開けます。また、落札された商品ページからも開くことができます。

1 商品が落札されると、ヤフオク!から通知メールが届きます。

2 通知メール内のURLをクリックします。

3 ＜取引ナビ＞をクリックします。

Step up 落札者を削除する

落札者の都合で落札をキャンセルすることになった場合は、手順3の画面で「落札者を削除する」の＜落札者都合＞→＜確認画面へ＞の順にクリックして、落札者を削除します。出品者の都合で削除する場合は、＜出品者都合＞→＜確認画面へ＞の順にクリックして削除します。

4 「取引ナビでは～」画面が表示されたら、<閉じる>をクリックします。

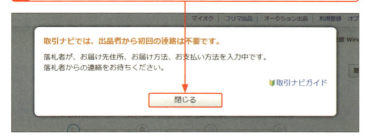

5 落札者の手続き状況が表示されます。ここでは、落札者が必要な手続きを行うまで待ちます。

6 落札者が支払いまで行うと、ヤフオク!から通知メールが届きます。

7 通知メール内のURLをクリックします。

8 <売上金管理>をクリックし、「売上金管理」の「状態」が「受取連絡待ち」になったら、Sec.22を参考に商品を発送します。

Hint 通知メールの宛先を変更する

落札者の状況を知らせる通知メールの宛先は変更することができます。宛先を変更するには、手順8の画面で「通知先」の<変更する>をクリックして設定します。

Hint 落札者にメッセージを送る

取り引きに必要な連絡事項などがある場合は、落札者にメッセージを送りましょう。手順5の画面で「取引メッセージ」の入力欄にメッセージを入力し、<送信する>をクリックすると、メッセージを送信できます。

Section 22 商品を梱包して発送しよう

商品の梱包
商品の発送
発送連絡

「売上金管理」の「状態」が「受取連絡待ち」になると、商品を発送できます（P.65 手順8参照）。商品発送の際は、輸送途中の破損事故を防止するためにも、クッション材を利用するなどして丁寧に梱包しましょう。

1 商品を梱包・発送する

第3章 出品して取り引きの流れを理解しよう

Keyword 支払いが完了してから発送する

「売上金管理」の「状態」が「ヤフー審査中」の場合は、まだ落札者の支払いが完了していない状態です。「受取連絡待ち」になるまで商品の発送は控えましょう。

 P.65手順8の画面の「お届け先住所」で、落札者の氏名や住所などを確認します。

 クッション材などを利用し、破損を防止できるように商品を梱包します。

Hint 梱包材の準備

クッション材など、梱包に必要な材料は、ホームセンターや100円ショップなどで購入することができます。また、宅配業者などでも購入可能です。

3 箱に隙間が生じる場合は、隙間を埋めるように新聞紙などを詰めます。

4 壊れやすい商品の場合など、必要に応じて外側もクッション材で包むなどします。

5 梱包が完了したら発送し、P.66手順1の画面で＜発送連絡をする＞をクリックして落札者に連絡します。

Memo 追跡サービスを使うと安心

荷物の追跡サービスがある場合は、利用すると安心です。荷物の追跡サービスを利用した場合は、商品を発送したあと、取引ナビのメッセージで、落札者へ追跡番号や確認ページのURLを知らせましょう。

Memo 配送状況についての確認

落札者の支払い手続きから一定期間を過ぎても出品者から発送連絡が行われない場合、Yahoo! JAPANから出品者へ連絡が入ります。すみやかに返信し、商品を発送しましょう。

2 商品別のおすすめ配送サービス

 クリックポスト

クリックポストは、Yahoo!JAPAN IDを所持していると利用できる日本郵便の配送サービスです。クリックポストのWebサイト（https://clickpost.jp/）からかんたんに、配送料の支払いや宛名ラベルの作成ができます。配送料は全国一律185円（税込）です。

商品を発送するときは、商品に応じて、安全かつ安価に配送できる適切な配送サービスを選びましょう。配送サービスにより、薄く軽いもの、大きく重いものなど、取り扱える品物も異なります。主な商品のジャンル別のおすすめの配送サービスは以下のとおりです。

本やDVD・CDなどを送る場合

・ヤフネコ！ネコポス
・郵便（定形外郵便）
・クリックポスト
・ゆうメール
・ゆうパケット（おてがる版）
・レターパック

衣類などを送る場合

・ヤフネコ！宅急便
・ヤフネコ！宅急便コンパクト

こわれものを送る場合

・ゆうパック
・ゆうパック（おてがる版）
・メルアド宅配便
・ヤマト運輸宅急便

Memo　ヤフオク！と提携した配送サービス

日本郵便、ヤマト運輸では、ヤフオク！と提携した各種配送サービスを提供しています。匿名配送ができたり、宛名を記載する必要がなかったり、配送料を抑えられたりして便利です。

ヤフオク！の「配送方法・送料ガイド」ページ（https://auctions.yahoo.co.jp/guide/guide/deliver.html）では、商品のタイプや荷物のサイズ・重さから、適切な配送サービスが検索できます。

主な配送業者のおすすめの配送サービスは以下のとおりです。

日本郵便

ヤフオク！と日本郵便が提携した「ゆうパケット（おてがる版）」「ゆうパック（おてがる版）」を利用すると、匿名配送（Sec.23参照）ができるうえ、宛名書きも不要です。郵便局やローソンから発送できる、配送料金もお得な配送サービスです。

配送サービス	荷物のサイズ・重さ	送料
ゆうパケット（おてがる版）	3辺の合計が60cm以内、重さ1kg以内	全国一律 205円（税込）
ゆうパック（おてがる版）	3辺の合計が170cm以内、重さ25kg以内	480円（税込）〜

ヤマト運輸

ヤフオク！とヤマト運輸が提携した「ヤフネコ！パック」を利用すると、匿名配送（Sec.23参照）ができるうえ、宛名書きも不要です。全国で翌日に配送され、配送追跡も可能です。ヤフネコ！パックには、「ヤフネコ！ネコポス」「ヤフネコ！宅急便コンパクト」「ヤフネコ！宅急便」の3種類の配送サービスがあります。ファミリーマート、サークルK・サンクス、またはヤマト運輸の営業所から発送できます。

配送サービス	荷物のサイズ・重さ	送料
ヤフネコ！ネコポス	角形A4サイズ、厚さ2.5cm、重さ1kg以内	全国一律 205円（税込）
ヤフネコ！宅急便コンパクト	2種類の専用BOX（縦24.8cm×横34cm、縦25cm×横20cm×厚さ5cm）を利用	416円（税込）〜
ヤフネコ！宅急便	3辺の合計 60〜160cm以内、重さ2〜25kg以内	486円（税込）〜

メルアド宅配便

「メルアド宅配便」は、メールアドレスのみで荷物が送れる配送サービスです。

配送サービス	荷物のサイズ・重さ	送料
メルアド宅配便	3辺の合計160cm以内、重さ20kg以内	全国一律 1,500円（税込）

Hint ▶ 荷物のサイズの測り方

荷物の3辺は、下図のA+B+Cの合計の長さです。

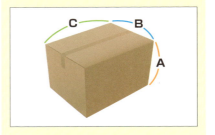

Key word ▶ メルアド宅配便

相手の名前や住所を知らなくても、メールアドレスで配送できるサービスです。メールやSNSなどを利用すると匿名での配送も可能です。

Section 23 匿名配送を利用しよう

匿名配送
ヤフネコ!パック
ゆうパック(おてがる版)

ヤフオク!では、氏名や住所などの個人情報を伏せて商品を発送する「匿名配送」を利用することができます。発送元だけでなく届け先も匿名のまま発送できるため、落札者も安心して取り引きできます。

1 匿名配送とは

 匿名配送ができない場合も

ヤフオク!ストアが出品した商品では匿名配送の指定はできません。また、自動車、オートバイ、ボートなど特定のカテゴリの商品では匿名配送が受け付けられません。

匿名配送とは、氏名や住所などの個人情報を相手に伝えずに取り引きできる配送サービスです。発送時に使用する送り状は、発送元だけでなく届け先も匿名のまま印字されます。ヤフオク!では、配送方法に「ヤフネコ!パック」の「ヤフネコ!ネコポス」「ヤフネコ!宅急便コンパクト」「ヤフネコ!宅急便」か、「ゆうパック(おてがる版)」「ゆうパケット(おてがる版)」を指定すると匿名配送になります。出品する際は、「商品情報入力」画面でこれらの配送サービスの中から指定しましょう。

匿名配送の配送サービスを指定すると、商品詳細ページのタイトルの横に、「匿名配送」のアイコンが表示されます。

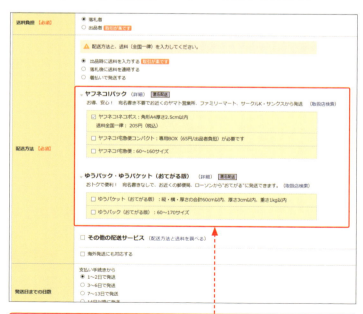

Memo 公開される情報

匿名配送を利用した場合でも、「Yahoo! JAPAN ID」「郵便番号の一部」「都道府県」は、取り引き相手に公開されます。

匿名配送をする場合は、P.59の「商品情報入力」画面の「配送方法」で、「ヤフネコ!パック」の各種配送サービスか、「ゆうパック(おてがる版)」「ゆうパケット(おてがる版)」を選択します。

2 匿名配送で発送する

1 落札者が支払いを完了すると、取引ナビで二次元コードが発行できるようになります。P.65手順8の画面で商品名を入力し、

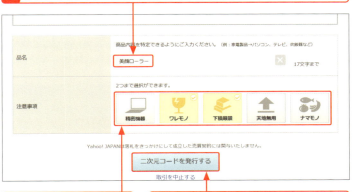

2 「注意事項」で任意の項目を選択して、

3 <二次元コードを発行する>をクリックして二次元コードを発行します。

⬇

4 二次元コードと発送する荷物を持って、郵便局、ヤマト運輸の営業所、または対応するコンビニエンスストアに行きます。

⬇

5 郵便局では「ゆうプリタッチ」または窓口で、ヤマト運輸の営業所では「ネコピット」または窓口で、コンビニエンスストアでは情報通信端末（ローソンの「Loppi」など）でレシートを発行します。

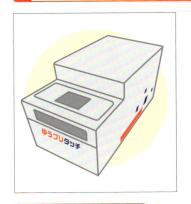

郵便局の「ゆうプリタッチ」

ローソンの「Loppi」

⬇

6 窓口またはレジにて荷物を発送します。

Keyword ゆうプリタッチ

ゆうプリタッチは、郵便局に設置されている情報通信端末です。取引ナビで出力した二次元コードを使ってかんたんに発送手続きが行えます。

Keyword ネコピット

ネコピットは、ヤマト運輸の営業所などに設置されている情報通信端末です。取引ナビで出力した二次元コードを使ってかんたんに発送手続きが行えます。

Keyword Loppi

Loppiは、全国のローソンに設置されている情報通信端末です。取引ナビで出力した二次元コードを使ってかんたんに発送手続きが行えます。Loppiでは、チケットの販売や公共料金の支払いなど、さまざまなサービスを提供しています。

Section 24 落札者を評価して取り引きを終了しよう

| 評価 |
| コメント |
| 取り引き終了 |

取り引きが終了したら、できるだけ早く落札者を評価しましょう。評価は5段階で行い、コメントも付けられます。大きな問題がなく取り引きできた場合は、落札者に高評価を付けて、感謝のコメントを添えましょう。

1 落札者を評価する

Key word 問題のない取り引きには高評価を

問題なく取り引きできた場合は、「非常に良い」などの高評価を付けるようにしましょう。厳しい評価を付けると、相手からも悪い評価を付けられてしまう場合があるため、気を付けましょう。

 ヤフオク!のトップページで＜出品終了＞をクリックします。

 落札者を評価するオークションの＜評価＞をクリックします。

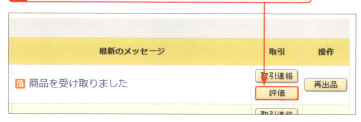

 評価を選択し、

Hint 落札者が悪質な場合は

少ないケースではありますが、悪質な落札者に落札される場合があります。その場合は、「非常に悪い」や「悪い」を付けてもよいでしょう。報復で悪い評価を付けられることを避けるために、「評価」をしないのも1つの方法です。

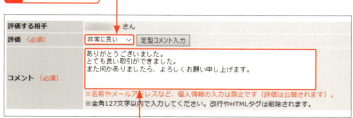

コメントを入力して、＜確認する＞→＜評価を公開する＞の順にクリックします。

第3章 出品して取り引きの流れを理解しよう

第4章 商品ページを作り込んで多くの人に見てもらおう

- **Section 25** スマホでもできる！売れる商品写真の撮り方
- **Section 26** 中古品は撮影前に手入れしておこう
- **Section 27** 商品タイトルや商品説明にはキーワードを含めよう
- **Section 28** 商品説明に必要な情報はずばりこの3つ！
- **Section 29** 過大な表現は絶対に避けよう
- **Section 30** 傷や汚れなどのマイナスポイントの説明のコツ
- **Section 31** 返金・返品対応は曖昧にせずはっきりと記載しよう
- **Section 32** HTMLを使って商品ページを編集しよう

Section 25 スマホでもできる！売れる商品写真の撮り方

商品写真 / スマートフォン / アプリ

商品への注目度を上げるために、写真の力は不可欠です。撮影のしかたを工夫したり、画像編集アプリで補正したりすることで、スマートフォンでも魅力が伝わりやすい商品写真を用意することができます。

1 太陽光やシチュエーションを利用する

Hint フラッシュは使わない

写真撮影には明るさが必要ですが、カメラやスマートフォンに内蔵されているフラッシュは、一部に直接強い光が当たるため、商品の質感が失われてしまうことがあります。なるべくフラッシュは使わないようにしましょう。

商品の写真は、商品そのものの印象を大きく左右します。より高値で落札してもらうためには、写真の質は重要な要素です。けれども、高価な一眼レフカメラがないと撮影できない、というわけではありません。ポイントを押さえれば、手持ちのスマートフォンでも質の高い写真を撮ることができます。

商品写真を撮るうえで最低限守りたいポイントは、ピントを合わせ、鮮明に写すことです。そのためにもっとも重要なのが明るさです。照明器具やレフ板などの撮影道具がなくとも、明るい曇りの日の太陽光を利用すれば効果的に明るさを調整することができます。直射日光では照り返しや影などが出過ぎるため、晴れの日は明るい日影で撮影するとよいでしょう。

また、シチュエーションを利用した撮影も1つの手です。たとえば家具の場合、ほかのインテリアを背景にして商品を配置すると、雰囲気が伝わりやすくなります。このとき、商品にだけピントを合わせて、背景をぼかし気味にすると効果的です。

Hint ズームはし過ぎない

スマートフォンでも5〜10倍程度のズームが可能ですが、ズーム機能を使うと画像が劣化するため、ズームのし過ぎは推奨できません。ズームをする場合は、せいぜい2倍くらいまでにとどめておきましょう。

明るい曇りの日の太陽光を利用すれば、商品の質感が伝わるきれいな写真が撮影できます。

商品の利用シーンなどのシチュエーションを利用すれば、雰囲気がよく伝わります。

第4章 商品ページを作り込んで多くの人に見てもらおう

2 撮影した写真を画像編集アプリで補正する

　スマートフォンであれ一眼レフカメラであれ、撮影時の全体の明るさや光の当たり方によっては、思ったようなイメージの写真が撮影できないことがあります。そのようなときは、画像編集アプリを利用して撮影した写真を補正することで、商品写真の質をかんたんに上げることができます。ここでは、無料で使える便利な画像編集アプリを紹介します。

Adobe Photoshop Fix
Photoshopの技術を採用し、明るさ、カラー、調整、修復などの加工ができるAdobe社の提供する無料アプリです。かんたんな操作で、プロ並みの高度な加工・修正が可能です。iPhoneに対応し、App Storeからダウンロードできます。

Snapseed
29種類のツールとフィルターで本格的な写真編集・加工ができるGoogleの提供する無料アプリです。かんたんな操作で、写真全体の明るさを変えず必要な部分だけの明るさを変えたり、露出を調整したりすることが可能です。iPhone、Androidスマートフォンに対応し、それぞれApp Store、Google Playからダウンロードできます。

https://www.gimp.org/

GIMP
無料ながら高価なグラフィックソフトと同等の機能を有する多機能ソフトです。パソコンで本格的な写真編集・加工をしたい場合に活用するとよいでしょう。GIMPのWebサイトからダウンロードでき、WindowsとmacOSいずれでも利用可能です。

Hint ▶ 加工のし過ぎに注意

ここで紹介したアプリは、無料ながら写真の加工技術がかなり高いものです。シミや傷を消したり、実際よりも新しく見せたりすることも可能です。しかし、印象をよくすることだけを考えてしまうと、実際の商品の状態と乖離してしまい、後々のトラブルやクレームの原因になるため、写真の加工のし過ぎには注意が必要です。

Memo ▶ グラフィックソフト

グラフィックソフトは、画像を編集・加工したり、図形やイラストを描いたりするためのソフトウェアです。代表的な有償のグラフィックソフトとしては「Adobe Photoshop CC」や「Adobe Illustrator CC」があります。

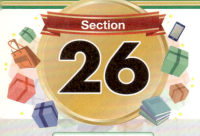

Section 26 中古品は撮影前に手入れしておこう

- 商品の掃除
- クリーニング
- 掃除道具

中古で仕入れた商品は掃除をして、きれいにしてから出品しましょう。きれいにすることで写真写りもよくなり、落札されやすくなります。また、発送後のクレーム回避にもつながります。

1 商品は手入れをして価値を上げる

Hint 記憶媒体などの出品ではデータ消去を

ハードディスクやSSD、フラッシュメモリなどの記憶媒体や、ハードディスクレコーダー、iPodなどの携帯型音楽端末などを出品する場合は、保存されている内容をすべて削除してから出品することが、ヤフオク!のルールとなっています。必ず確認してから出品しましょう。

商品を撮影する前には、掃除をしてきれいな状態にしましょう。とくに中古品を出品するときは必ず掃除をすることが重要です。人間の目では気付かなくても、商品撮影には細かいほこりやごみが写り込んでしまうこともあります。一度商品を掃除することで、商品写真もよりよいものとすることができます。

また、落札者にとっても、きちんと手入れされた商品なら安心するものです。汚れたままの商品が送られてきてしまったらがっかりしますし、場合によってはクレームにつながる場合もあります。

中古商品である以上、新品とまったく同じ状態にするのは困難ですが、手入れをすることで大幅に状態を改善することができ、印象も見違えるほどになります。落札額を高めるためにも、撮影前にひと手間かけましょう。

用意するもの

- ティッシュ:軽い汚れやほこりを落とします。
- 洗剤:落ちにくい汚れを落とします。
- ウエットティッシュ:こびりついた汚れを取ります。
- ぞうきん・タオル:乾拭きにも水拭きにも使います。
- ブラシ:入り組んだ部分などの汚れを落とします。
- はたき:ほこりをはらい落とします。

Hint クリーニングで出品可になる商品

ヤフオク!では、使用済み下着の出品は禁止されています。ただし、クリーニングしてあることを条件として、補正用インナーウエア、ウエディング用インナーウエア、マタニティ用インナーウエアなどは出品することができます。

第4章 商品ページを作り込んで多くの人に見てもらおう

2 掃除の手順

ほこり落とし・乾拭き

まずはティッシュや乾いた雑巾、タオルなどで拭きます。キーボードのようにほこりが溜まりやすいところは、はたきやブラシを使います。

パソコンは軽くはたきをかけ、画面を乾拭きします。キーボードは、ピースが外れないように注意しながら、ブラシをかけます。

水拭き

乾拭きで落ちない汚れは、水拭きで落とします。たいていの汚れはウエットティッシュで落とせますが、水に強い品物で汚れがこびりついているものは、ブラシや歯ブラシに少量の洗剤と水を付けてこすり、浮いた汚れをティッシュやタオルで拭き取ります。

プラスチックや金属の製品は、ウエットティッシュでこすると、きれいに汚れが落ちます。

衣類など

衣類はタグを確認して、水洗いできるものは水洗いし、できないものはクリーニングに出します。クリーニング代は、商品の開始価格に上乗せするとよいでしょう。

どうしても落ちない汚れは？

写真に撮って商品詳細ページで示します。正直に伝えることで、クレームを防止することができます。

Memo ひどい汚れには重曹が効果的

落ちにくい汚れは、重曹を水で溶かしたものでこすると、落ちる場合があります。重曹はドラッグストアなどで売っています。

Memo ペンやシールの跡のベタベタはベンジンで

プラスチックや陶器にマジックで書かれた跡が付いていたり、シールの裏のベタベタが付いていたりしたときは、ベンジンで落とすことができます。匂いがきついので、できれば庭やベランダで作業しましょう。

Section 27 商品タイトルや商品説明にはキーワードを含めよう

キーワード
検索エンジン
SEO

商品詳細ページのタイトルや商品説明文に、ユーザーが検索するときによく使う言葉をキーワードとして入れておくと、検索結果の上位に表示されやすくなります。上位表示されるようにして、多くのユーザーを呼び込みましょう。

1 ヒットしやすいキーワードをタイトルに

> **Memo タイトルは65文字以内で**
>
> ヤフオク!のタイトルは、全角65文字までと決められています。この範囲で魅力的なタイトルになるよう、考えてみましょう。なお、英数字は半角でも入力できます。

ヤフオク!では、ユーザーは、探している商品に関する<u>キーワードを入力して商品を検索する</u>のが一般的です。つまり、検索にヒットしなければ、ユーザーにとっては<u>その商品は存在しないのと同じ</u>ことになってしまうのです。

そのため、商品のタイトルはとても重要です。自分が出品する商品は、どのようなキーワードで検索されやすいのかを考え、タイトルを付けましょう。製品名はもちろん、型番やサイズ、発売年などを記入して、<u>商品の詳細がひと目でわかるタイトル</u>にしましょう。

さらに、<u>商品の魅力を伝えるような言葉</u>もタイトルに含められると理想的です。「新品」や「中古美品」などはユーザーにとっても目を引くものです。競合する商品の中から、ユーザーに選んでもらえる工夫をしましょう。

「iPad」でキーワード検索した結果画面。競合が多い商品の場合は、「新品未開封」や「美品」などの言葉で差別化を図りましょう。

> **Hint 商品名は絶対に間違えないように**
>
> 最近は検索エンジンが発達し、多少誤字脱字があっても、目的とする検索結果を表示できるようになりました。しかし、常にカバーしてくれるとは限りません。1文字誤っただけで検索結果に表示されないこともあるため、誤字脱字には十分注意しましょう。

タイトルの例

商品の状態を伝えます。　商品名を記します。

中古美品 ☆ iPad Pro 10.5インチ Cellularモデル

記号をうまく使うと、目立たせることができます。　サイズがわかるようにします。　魅力ある特徴を記します。

第4章 商品ページを作り込んで多くの人に見てもらおう

2 商品説明文にもキーワードを盛り込む

「商品説明」の文章でも、商品に関するキーワードを記述することが重要です。

ただし、検索にヒットしやすそうなキーワードだからといって、商品と直接関係のない単語をタイトルや商品説明文に含めることは、ヤフオク！の規約で禁止されています。また、商品名を必要以上に何回も文章中に入れ込んだりすると、「過剰に検索のための対策をしている」と見なされて検索順位が下がってしまったり、ときには検索結果から外されてしまったりする場合もあります。

商品説明文では、キーワードや関連語を意識しつつ、自然な文章を書くように心がけましょう。自然な文章を書くもっともかんたんな方法は、タイトルと同様にユーザーの目線を意識して、わかりやすく丁寧に書くことです。関連するキーワードも含めつつ、ユーザーが入札・落札したくなるような情報を記載するように心がけましょう。

なお、インターネット上でどのようなキーワードが多く検索されているのか、どのようなキーワードの組み合わせが検索されているのか、といったことは、「aramakijake.jp」（下記参照）などのキーワードツールを使うことで調べることができます。こういったツールを使うことで、よりユーザーの検索にヒットしやすいキーワードを知ることができます。参考にして、商品説明文を書きましょう。

http://aramakijake.jp/

aramakijake.jpのキーワード検索画面です。キーワードの月間推定検索数を調べることができます。関連するキーワードの組み合わせも表示されます。

> **Memo** 商品と関係のないリンクは禁止
>
> 商品説明文の中に、商品と関係のない広告を掲載したり、Webサイトへ誘導したりする行為は禁止されているため、そのようなリンクは張らないようにしましょう。

> **Memo** キーワードのトレンドを調べる
>
> 一定の期間におけるキーワードの検索数の増減を調べたい場合は、「Googleトレンド」（https://trends.google.com/trends/）を使うとよいでしょう。キーワードの検索数の増減がグラフで視覚的にわかるほか、検索数が増加している関連キーワードも表示されます。

Section 28 商品説明に必要な情報はずばりこの3つ!

- 商品説明
- 型番
- サイズ

ヤフオク!で出品するときには、商品詳細ページの「商品説明」で商品について正確に説明することが重要です。情報を正確に伝えることで、商品を探している人が入札しやすくなるだけでなく、取り引き後のクレームやトラブルを防ぎやすくなります。

1 正確な型番(商品名)を明記する

Memo タイトルとの重複は遠慮しない

タイトルに型番やブランド名などが含まれていても、「商品説明」だけにしか注目しない人もいます。「商品説明」でも改めてこれらを明記するようにしましょう。

　ヤフオク!で出品する際、タイトルとは別に「商品説明」を記述しますが、ここで商品がどのようなものであるのかを正確に伝えることが重要です。

　たとえば、**正確な型番(商品名)**が明記されていると、該当する商品を探している人が入札しやすくなるだけでなく、誤解によるトラブルの回避にもつながります。商品情報を入力する際は、商品の通称名だけでなく、正確な型番(商品名)、**メーカー名やブランド名**などを、できるだけ詳細にわかりやすく明記しておくとよいでしょう。

　また、パソコンなどパーツのスペックが重要になる商品では、CPUやメモリの型番など、**各パーツの詳細な情報**についても記載するとよいでしょう。

Hint 「商品説明」も検索対象になる

ヤフオク!でキーワード検索する際、条件を指定して検索すると(Sec.08参照)、タイトルだけでなく「商品説明」も検索対象に含まれます。そのため、商品説明文には検索されそうな言葉をできるだけ盛り込んでおきましょう。

```
商品説明
2017年製作の自作パソコンです。
パーツ構成は以下の通りです。
CPU : Core i5 8400 BOX(Coffee Lake-S)
マザーボード : GIGABYTE H370 HD3 [Rev.1.0]
メモリ : PC4-19200(DDR4-2400) 4GBx2枚 W4U2400CM-4G
HDD : WD40EZRZ-RT2 [4TB SATA600 5400]
SSD : WD Black PCIe WDS256G1X0C
グラフィックカード : GTX 1050 2GT LP [PCIExp 2GB]
電源 : KRPW-BK750W/85+
BD-R : BC-12D2HT [ブラック]
ケース : Antec P9
キーボード・マウス : BSKBW100SBK [ブラック]
OS : Windows 10 Home 日本語版 Fall Creators Update適用済
```

「商品説明」には、正確な型番、ブランド名、各パーツの情報などを詳細に入力します。

第4章 商品ページを作り込んで多くの人に見てもらおう

2 サイズを明記する

　多くの商品では、サイズが重要です。とくに家具や家電、インテリア用品など、設置場所が必要になるものでサイズがわからないと、入札をためらってしまう人も少なくありません。商品の縦、横、高さを数値で明記しておきましょう。なお、机の引き出しなどの内寸も重要になる商品では、外寸だけでなく、内寸も記載しておくとよいでしょう。

> **Memo　商品によっては重さも記載する**
>
> ノートパソコンやスーツケースなど、重さが重要になる商品の場合は、重さも記載するようにしましょう。

```
■サイズ
幅100cm、奥行44cm、高さ39cm
※金具含めて奥行45cm

■引き出し内寸
上段：約幅45cm、奥行38.5、高さ6cm
下段：約幅93cm、奥行38.5、高さ6cm

※多少の誤差はあらかじめご容赦ください。
```

外寸だけでなく、内寸まで詳細に明記します。

3 商品の状態を正確に説明する

　商品の状態（新品、未使用、未開封、中古、美品など）を明記することで、入札希望者に安心感を与えることができます。とくに中古品の場合は、傷や汚れなどを気にする人が多いため、そのようなマイナス要素がある場合は、具体的にどこがどのような状態になっているのかを明記しましょう。

> **Memo　欠点は隠さない**
>
> 傷や汚れなどのマイナス要素を明記しないまま商品が落札された場合、場合によってはクレームに発展しかねません。そうしたマイナス要素がある場合は、隠さずに必ず明記するようにしましょう。

```
■判型：B5変形、192ページ
■定価：1880円＋税

■商品の状態
書籍外面には、カバー焼け、汚れはありません。
内部には、1ページだけ鉛筆で書き込みがあります。
ただし、そのほかの書き込み、汚れはありません。
※配送による損傷につきましてはご容赦ください。

支払い、配送
```

欠点がある場合は、具体的な場所と状況をしっかりと明記します。

Section 28　商品説明に必要な情報はずばりこの3つ！

第4章　商品ページを作り込んで多くの人に見てもらおう

商品ページを作ろう

Section 29 過大な表現は絶対に避けよう

- 過大表現
- 誇張表現
- トラブル

商品の魅力を伝えようとするあまり、商品のことを実際以上によく書いてしまうケースがあります。あとでトラブルに発展することもあるので、商品の状態はありのままに記述することが大切です。

1 過大表現はトラブルを招く

 過大表現は法律でも禁止

商品について過大に表現することは、モラルとして問題がありますが、「不当景品類及び不当表示防止法」でも禁止されています。もちろんヤフオク!でも禁止されています。

ヤフオク!におけるトラブルの原因のうち、よくあるものが「落札してみたが、商品が思っていたものと違った」というものです。商品説明が詳細まできちんと記載されている商品については、落札者の認識不足・読み間違い、といったこともあるでしょうが、出品者側の表記が曖昧なために、このようなトラブルを招く、といったこともあります。

出品者の説明不足でトラブルになった場合は、商品を引き取って返金に応じるなどの対応を行うことになります。返品・返金などは、利益をまったく生まない作業であるにもかかわらず、手間がかかります。また、クレームを受けてこちらの非を激しく非難されたりすると、精神的にもかなりのダメージを受けてしまいます。とくに「非常に悪い出品者」の評価が付くと、そのあとの取り引きにも影響します。

予期せぬトラブルはしかたがないともいえますが、多くの場合、必要な確認の怠りや、欲を出して妥当な金額以上に儲けようとすることがトラブルの原因です。トラブルが発生しないよう、誠実に注意深く出品しましょう。

悪い評価を受けると、精神的にもダメージを負います。

落札にかかるシステム利用料や送料などの損失が発生します。

 低い評価は入札にも影響する

「非常に悪い」などの悪い評価が付くと、出品に悪影響が及ぶだけでなく、落札するときにも、入札者評価制限などに抵触することがあるので気を付けましょう。

2 商品の状態は慎重に判断する

　商品を売りたいのはやまやまですが、過大な表現だけは絶対に避けなければなりません。書こうと思えばよいことはいくらでも書けますが、トラブルを誘発しては元も子もありません。そのため、商品の状態はできるだけ客観的に記載することが大切です。

　トラブルでよくあるのが、中古品に関するものです。自分には「大したことはない」と思えるわずかな傷や経年劣化でも、大きな欠点として認識する人もいます。ましてや、ある程度のダメージが感じられる商品では、自分では「中」程度のダメージであると感じても、人によっては非常に大きなダメージであると感じる可能性が高くなります。感じ方の問題のためやっかいですが、「かなり神経質な人ならどう感じるか？」という視点で商品を観察し、写真を交えてわかりやすく記載することが重要です。

> **Hint　客観的に書くとは？**
>
> 客観的に書くとは、誰が見ても同じ解釈ができるように書くということです。たとえば商品に傷がある場合、「多少の傷があるが、気になるほどではない」ではなく、「3ミリほどの傷があるが、使用するには支障ない」といったように、数字や、できること、できないことといった、事実を書きましょう。「神経質な方は入札をお控えください」などと書いておくことも、トラブルを避けるには有効です。

あまりよくない例

> コンパクトで軽量なので、女性でも楽に持ち運びでき、気軽に使えます。手になじみやすいフォルムで、グリップ感がよいと大評判です。本格的でありながら、初心者にも使いやすい名機です。
>
> 多少の使用感はありますが、それほど気になるものではないと思います。神経質な方は入札をご遠慮ください。ノークレーム、ノーリターンでお願い致します。

表現があいまいで、状態の把握が主観的です。

よい例

> 手になじみやすいフォルムで、本格的なデジカメでありながら、初心者にも使いやすいカメラです。コンパクトで軽量なので、女性でも気軽に使えます。
> 初期に近いモデルなのでビデオは撮れません。我が家も子どもが幼稚園に上がって、ビデオがほしくなったので買い替えることにして、出品致しました。
> 3年ほど使い、合計で1万枚前後、撮影しました。全体に多少の使用感はあります。また、レンズに小さな傷があります。撮影に影響はありません。

使用年数などを数字で客観的に把握できます。また、手放す理由が明快であるほうが、入札数が増える傾向があります。傷の状態がわかる写真も掲載するとよいでしょう。

Section 30 傷や汚れなどのマイナスポイントの説明のコツ

> マイナス要素
> 傷・しわ・汚れ
> 商品ダメージ

中古品や訳あり品には、何かしらのマイナス要素があります。マイナス要素を隠して出品すると、あとでトラブルに発展しかねません。むしろしっかりと開示することで、ユーザーの理解と信頼を得ていきましょう。

1 商品のマイナス要素は明確に伝える

 Memo コレクターズアイテムでは、多少の欠損が命取り

マニアックな人が収集している品物の場合、ちょっとした傷が大きな問題に発展する傾向があります。厳密にチェックをして、傷などがあれば、正確に伝えましょう。

ヤフオク！では取り引きされる商品の多くを中古品が占め、訳あり品やジャンク品も出品されています。このような商品も販売できるのが、ヤフオク！のメリットです。商品は新品であるに越したことはありませんが、中古品などを賢く利用すれば支出も抑えられますし、リユースをしたり、余ったものを有効に使ったりすることは消費者にとっても魅力的なことです。

しかし、商品のマイナス要素を隠して販売することは、トラブルにつながります。マイナス要素を公開することは、商品の販売にとって不利でありません。ユーザーはマイナス要素を正しく把握したうえで、自分が必要としている商品に大きな問題がなく、価格が妥当であれば、落札してくれるからです。ユーザーに納得して落札してもらうことが、スムーズな取り引きにつながります。

 Hint マイナス要素が「売り」になる

マイナス要素は必ずしも悪いことばかりではありません。使用の妨げにならない程度のマイナス要素なら、気にせずに安く買いたいという人は多いからです。「訳あり商品」などは、そういう人の心理をつく商品です。マイナス要素は積極的に公開することで、価格の安さの裏付けにもなります。

商品にマイナス要素がある場合。

説明せずに売ればトラブルになりかねません。

説明すれば、納得のうえで入札・落札してくれます。

2 傷、しわ、汚れなどは写真で伝える

　マイナス要素は、文章できちんと伝えるとともに、目で確認できるように写真で伝えることが大切です。文章だけでは、出品者が伝えたいことがきちんと伝わるとは限りません。しかし写真を使えば、文章では伝わりにくいこともビジュアルで正確に伝えることができます。

　ダメージ部分は、できるだけクローズアップし、わかりやすく撮影しましょう。また、画像を載せるだけでなく、説明文にも記載しておくとより親切です。マイナス要素が複数ある場合は、その箇所ごとに写真を撮り、掲載しておくことで、ユーザーもマイナス要素を見落とすことなくチェックすることができます。

```
自作パソコンの作り方を1手順ずつていねいに紹介している解説書です。
各手順の写真が大きく掲載されているため、感覚的にパソコンの組み立て方がわかります。
CPUやSSD、マザーボードなどのパーツに関しても詳細に解説されているので、
パソコンの組み立てがはじめての人でも予備知識なしで読めます。
【商品情報】
■書名：今すぐ使えるかんたん 自作パソコン改訂2版 Windows 10対応版
■著者：リンクアップ
■出版：技術評論社、2018年9月6日
■判型：B5変形、192ページ
■定価：1880円＋税

■商品の状態
書籍外面には、カバー焼け、汚れはありません。
内部には、1ページだけ鉛筆で書き込みがあります。
ただし、そのほかの書き込み、汚れはありません。
※配送による損傷につきましてはご容赦ください。
```

商品の説明文には、マイナス要素を正直に開示します。

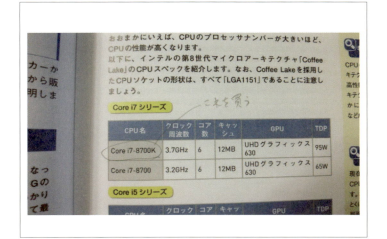

写真をよく見ると、説明文通り、ページに書き込みがあるのが確認できます。

Memo 商品のダメージを見落としていた場合

商品のダメージに気づかずに発送して、受け取った落札者からクレームを受けた場合、品物を引き取り、返金するなどの対応をします。その場合、落札者から出品者への発送は着払いとなるのが一般的です。

Step up HTMLを使えば大きな写真も掲載可

傷や劣化などが多いと、標準の小さな商品写真だけではしっかりと状況を伝えづらいものです。そのような場合は、Sec.32で解説するHTMLを使って、写真を大きく掲載するとよいでしょう。

Section 31 返金・返品対応は曖昧にせずはっきりと記載しよう

返品・返金
クレーム
商品の返送

ヤフオク!では顔の見えない相手とやり取りをします。そのため返品・返金についてきちんと明記することが大切です。明記することによりユーザーの信頼を得ることができ、入札されやすくなります。

1 ユーザーに安心感を与えて入札を促す

Memo 機器類にはとくに効果的な「返品可」

パソコンやプリンターなどの機器類は、落札する側から見ると、とくに不安のある商品です。自分の商品に自信があれば、返品・返金可の表示をしたほうが、入札者も増えて競り合ってくれるので、高値で落札されやすくなります。

ネットオークションで物を買うことは、リアル店舗や企業の運営するネットショップで買い物をすることよりも、不安な点が多いものです。そこで商品説明を読んだユーザーは、「出品者は信用できそうな人間か」ということを確認してから、入札しようとします。信用できるかどうかの判断基準の1つとされるのが、返品や返金についての記載です。商品に問題があったときにどう対応してもらえるかによって、入札を決めたり、見合わせたりします。そのため返品や返金について、対応の基準や方法を明記しておくと、入札者の増加につながります。

実際には、発送した商品が明らかに商品ページの写真と違っていたり、取り引きに落ち度があったりする場合を除いて、返金を求められることはまずありません。返金を求められた場合はそれ相応の理由があるはずなので、誠実に丁寧な対応をしましょう。

なお、「商品説明」に、「ノークレーム、ノーリターン」と表記しても、これは商品の状態について充分な説明があった場合のみに「特例」として認められるものであり、充分な説明がされていない商品については、この限りではないと認識しましょう。ただし、この判断は難しいため、この表記がある商品に関しての入札は入札者の判断に任せられているのが現状です。

返品・返金についての記載例

【商品の返品・返金について】
◎商品の状態に当方の見落とした傷・汚れなどがありました場合、あるいは輸送中の事故により破損した場合、7日以内にご連絡頂ければ、全額返金致します。返金ご確認後、商品は着払いでご返送ください。

◎落札者様都合によるご返品は、まず3日以内にご連絡ください。送料落札者様負担で商品を返送して頂き、当方にてご返品の確認後、返金致します。商品落札時、ヤフオク!に落札手数料として商品代金の8.64%を支払っております。そのため、商品代金から落札手数料を引いた金額を返金致します。

Hint 子ども服などの「返品可」記載は注意

七五三や結婚式などで子どもが着る服については、着せてから「染みがある」などと難癖をつけて返品しようとするユーザーも、数は少ないながらいます。返品・返金可の記載をする場合はその基準を明確にしましょう。

2 返金・返品への対応

　商品ページを見ていると、しばしば「ノークレーム、ノーリターンでお願いします」という記述に出会います。これは、前ページでも解説したとおり、伝えるべき情報を十分に開示することを前提とする特記事項です。十分な説明がなければ、いくら「ノークレーム、ノーリターン」と書いても、クレーム受け付けの義務から逃れられるわけではありません。

　一部の悪質なクレーマーは別として、クレームが発生したら誠実に対応し、支払ってもらった代金を返金すれば、多くの場合問題は円満に解決します。返品してもらう際には、ヤマト運輸の宅急便を利用するとよいでしょう。落札者の都合のよい時間帯をあらかじめ聞いておけば、その時間帯に、宅配業者が自宅まで荷物を引き取りに向かってくれます。日本郵便の場合は、ゆうパックなら発送の際に自宅まで取りにきてくれるので、その方法で、着払いで発送してもらいましょう。

　「宅配便の人がくるのを待つのが嫌」という人の場合はコンビニなどからの着払い発送で返品してもらいます。相手の都合がよいほうを選択できるようにしましょう。

　返送された荷物が届いたら、必ず到着の連絡を行います。「今後はこのようなことが起こらないよう、注意致します」というようなお詫びの言葉を添えるとよいでしょう。

　まれに、悪質なクレーマーに遭遇してしまうこともあります。そのような場合は第8章の内容を参考にして、冷静に対応しましょう。

http://www.kuronekoyamato.co.jp/ytc/customer/send/services/takkyubin/

ヤマト運輸、宅急便の商品・サービス紹介ページです。配達時間の指定や、サイズごとの料金などを確認できます。

Hint クレームも多種多様

自分が商品の傷や汚れを見落としていた場合は全額返金し、商品を返送してもらうのがいちばんスッキリします。しかし、「商品は受け取りたい。そのかわり値引きしてほしい」と要求されるなど、いろいろなクレームがあります。この場合、対応できることとできないことを明確にして、お互いに納得のできる形で折り合いを付けましょう。

Memo クレームの発生率は数%以下

ヤフオク!でクレームが発生する確率は、全取り引きの数%以下といわれています。自分に非がある場合でも誠実にすばやく対応すれば、大きなトラブルに発展する心配はそう大きくはありません。

Section 32 HTMLを使って商品ページを編集しよう

HTMLタグ
フォント
表

商品詳細ページの「商品説明」では、HTMLタグを使って、フォントのサイズや色の指定、太字や下線などの書式設定を行うことができます。通常入力よりも表現が豊かになり、商品の魅力がユーザーにより伝わりやすくなります。

1 HTMLで商品ページを作る

Memo HTMLとHTMLタグ

HTMLは、Webページを作成するためのマークアップ言語で、文字を装飾するためのタグをHTMLタグと呼びます。HTMLタグの詳細やHTMLタグの書き方はヤフオク!のサポート外となるため、自分で調べて対応する必要があります。

商品詳細ページの「商品説明」は、一般的な文書作成アプリのようにボタンを使って文字や文章を装飾できる「通常入力」と、HTMLのHTMLタグを使って文字や文章を装飾する「HTMLタグ入力」のいずれかの方法を使って作成できます。HTMLタグを使用するときは、商品情報の入力画面で＜HTMLタグ入力＞をクリックして切り替え、入力欄にHTMLタグを使用して入力します。

1 商品情報の入力画面で＜HTMLタグ入力＞をクリックして入力欄を切り替え、

2 HTMLタグを使って商品説明文を入力します。

3 ＜確認画面へ＞をクリックすると、プレビューが確認できます。

Hint Microsoft EdgeではHTMLタグ入力が使えない

Windows 10のMicrosoft Edgeでは、HTMLタグ入力が使用できません。出品しようとすると、確認画面が表示されず、出品を完了できないという不具合が発生します（2018年9月現在）。HTMLタグ入力を使用する場合は、Google Chromeなどを使用するようにしましょう。ここでは、Google Chromeを使用して解説しています。

2 おすすめのHTMLテクニック

HTMLタグを使うことで、「商品説明」のエリアをあたかも独立したWebページであるかのように仕上げることができます。フォントのサイズや色を指定したり、商品説明文の合間に表や画像を挿入したりして、商品の魅力がより伝わりやすくなるようにしましょう。

HTMLでは、「文章」などのように、書式を設定する文章の冒頭にHTMLタグを書き、文章の終わりに「/」（スラッシュ）の付いた同じタグを書くことでその機能を有効にします。

下記は、主要なHTMLタグの一覧表です。P.90～92で、いくつかのHTMLタグの入力例を紹介します。

「/」の付かないHTMLタグも

HTMLタグは基本的に、「/」の付いたHTMLタグで適用範囲の終わりを指定しますが、改行や画像の挿入など、適用範囲の終わりを指定する必要がないものでは、「/」付きのHTMLタグを使いません。

主要なHTMLタグ

HTMLタグ	機能
<P>文字列</P>	文字列の記述
 	改行
<font size="5">文字列</font>	フォントのサイズ指定
<font color="#ff0000">文字列</font>	フォントの色指定
<font face="MS 明朝">文字列</font>	フォント指定
文字列	太字
<u>文字列</u>	下線
<a href="リンク先のURL">文字列</a>	URLのリンク設定
<img src="画像ファイルのURL">	画像の挿入
<center>文字列</center>	中央揃え
<table>表の要素</table>	表の挿入

基本的には、HTMLタグと、「/」付きのHTMLタグで適用範囲をはさんで指定します。

HTMLタグを駆使すれば、商品の魅力が伝わりやすくなり、購買意欲がよりかき立てられます。

フリマ出品ではHTMLタグは使えない

HTMLタグが使用できるのはオークション出品のみです。フリマ出品では使用できないため、注意が必要です。

Memo 小文字と大文字の区別

HTMLタグは、小文字と大文字のどちらで記述してもよく、とくに区別はありません。ただし、どちらかで揃えておくと、あとで修正が必要になった場合に、問題を発見しやすくなります。

文字列を記述する

1 文字列を記述する場合は、文字列を「<p>」と「</p>」で囲みます。

2 改行したい部分で「
」を入力します。

3 プレビューを表示すると、「
」から改行されていることが確認できます。

フォントサイズを変更する

1 フォントサイズを設定する場合は、文字列を「<font size="5">」と「</font>」で囲みます。サイズは「" "」内に「1～7」で設定します。

2 プレビューを表示すると、設定した数値が大きいほどフォントが大きくなっていることが確認できます。

Step up <big>タグでもフォントサイズを変更できる

<big>タグは、フォントを1段階大きなサイズで表示するタグで、「<font size="+1">」と同じ意味を持ちます。文字列を「<big>」と「</big>」で囲んで記述します。すばやくフォントサイズを大きくしたい場合に便利です。

フォントの色を設定する

1 フォントの色を設定する場合は、文字列を「<font color="#ff0000">」と「</font>」で囲みます。「" "」内に色番号（右Keyword参照）を指定します。

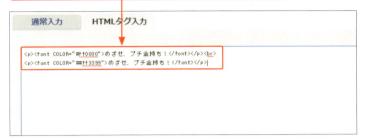

2 プレビューを表示すると、設定した色番号の色が適用されていることが確認できます。

太字・下線を設定する

1 フォントに太字を設定する場合は文字列を「<b>」と「</b>」で囲み、下線を設定する場合は文章を「<u>」と「</u>」で囲みます。

2 プレビューを表示すると、フォントに太字・下線が設定されていることが確認できます。

Keyword 色番号

色にはそれぞれ番号が付けられており、その色番号によって色を設定します。色番号の詳細は「原色大辞典」などの色見本のWebサイトで確認することができます。

原色大辞典
http://www.colordic.org/

Memo <i>タグで斜体にする

<i>タグは、文字列を斜体で表示するタグです。文字列を「<i>」と「</i>」で囲んで記述します。アクセントを付けたい場合に使いましょう。

リンクを設定する

1 文字列にリンクを設定する場合は、文字列を「<a href="リンク先のURL">」と「</a>」で囲みます。

| Memo | リンク先を別ウィンドウで開く |

右の手順 1 のように、リンクを設定するHTMLタグに「target="_blank"」を併記すると、リンク先が別ウィンドウで開きます。

2 プレビューを表示すると、文字列にリンクが設定されていることが確認できます。

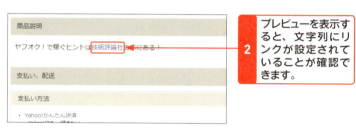

| Memo | セル内のデータを中央揃えにする |

右の手順 1 のように、「<tr>」内に「align="center"」を併記すると、セル内のデータが中央揃えになります。

表を作成する

1 表を作成する場合は、「<table>」と「</table>」で表の要素（左中段Memo参照）を囲みます。罫線の太さは「border=" "」で指定します。

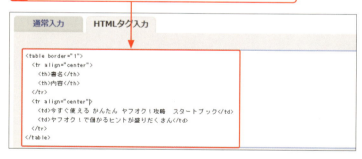

2 プレビューを表示すると、表が作成されていることが確認できます。

| Memo | 表の要素 |

表を構成するための要素として、「行」「表見出し」「データ」があります。それぞれの記述方法は以下のとおりです。

・行の作成
<tr>文字列</tr>

・表見出しの作成
<th>文字列</th>

・データの作成
<td>文字列</td>

第5章
もっと工夫できる！
出品・価格設定のコツをつかもう

- **Section 33** 安売りは厳禁！商品の「適正価格」を理解しよう
- **Section 34** 過去の落札データを調べて参考にしよう
- **Section 35** 人気商品には即決価格を設定すると効果的
- **Section 36** 「自動延長」は必ず設定しておきたい機能
- **Section 37** オークションの終了日時はここがおすすめ！
- **Section 38** ユーザーからの質問には迅速に答えよう
- **Section 39** 出品中の商品に情報を追加しよう
- **Section 40** 再出品のときに見直したい改善ポイントはここ！
- **Section 41** ちょっとしたおまけを付けてライバルに勝とう
- **Section 42** 有料オプションで商品を目立たせるのもアリ
- **COLUMN** フリマ出品を活用しよう

Section 33 安売りは厳禁！商品の「適正価格」を理解しよう

開始価格
即決価格
最低落札価格

適正な価格設定は、ヤフオク！で確実に落札されるためにはもっとも重要なポイントです。適正価格は商品によって異なりますが、定価やほかの出品者の価格設定を参考にするなどして工夫していきましょう。

1 開始価格をよく考える

Memo オークファン

オークファンは、オークションサイトの商品データを収集して分析する商品取り引き情報サイトです。ヤフオク!、楽天、Amazonなどの過去10年間のオークション落札価格や情報を提供しています。詳細はSec.45で解説します。

ヤフオク！では、オークション出品の開始価格、即決価格、フリマ出品の出品価格を自分で決めることができます。しかし、「できるだけ高く売りたい」と考えて開始価格から高値を付けてしまうと、入札がないままオークション期間が終了してしまうことがありますし、入札数を増やすためにあまりに安い金額で開始価格を設定してしまうと、商品への信用が落ちて思った価格で落札されないこともあります。そのため、適正な価格を知ることが重要です。適正な価格は、ヤフオク！で出品中の類似商品の価格や過去の落札価格の相場から調べたり（Sec.34参照）、「オークファン」などの情報サイトを利用して調べたりすることができます（Sec.45参照）。これらで得た情報から、開始価格を決定していくとよいでしょう。

また、確実に落札されたい場合は、ヤフオク！の「値下げ交渉」機能（P.59参照）を利用するのも1つの方法です。出品時に定額で出品し、値下げ交渉を受け付けることで、出品者と落札希望者が直接交渉できるようになります。この機能は、オークション出品でもフリマ出品でも設定することができます。

Keyword 値下げ交渉

値下げ交渉を設定するときは、出品時の「開始価格」と「即決価格」を同じ金額にしておきます。値下げ依頼から48時間以内に「受ける」または3パターンの「断る」からいずれかを選んで交渉します。

商品と価格のバランスが大切！

2 「最低落札価格」を使いこなす

「最低落札価格」とは、入札可能な最低金額のことです。最低落札価格が設定されているオークションは、設定した最低落札価格未満では落札されません。設定価格に達しない金額で入札されると、「最低落札価格に達していません。」と表示されます。

なお、最低落札価格の設定は、有料の取引オプションで、設定には商品1個あたり108円（税込）必要です。また、最低落札価格は非公開になります。

最低落札価格の設定方法

自動延長	オークション終了までの5分間に入札があった場合、自動的に5分間延長します
早期終了	☑ 早期終了あり 設定した終了日時前にオークションを終了させることができます
自動再出品	0回　期間：3日 オークションが落札されずに終了した場合、自動的に再出品される回数を設定できま ☐ 自動値下げ 自動再出品のたびに価格（100円）を 5% 下げる
出品者情報開示前チェック	☐ 出品者情報開示前チェック 出品者情報と落札者情報の公開前に確認が入ります
最低落札価格（有料）	円　個数1個あたり108.00円（税込） これ未満では落札できない価格を設定できます。設定価格は非公開となります

P.59の「商品情報入力」画面の「最低落札価格」に最低落札価格を入力します。

開始価格を低く設定して出品する場合でも、最低落札価格を設定しておけば、その価格よりも安く落札される心配はありません。ただし、あまりに適正価格を越えた価格を設定すると入札そのものが成立しない可能性があるため、最低落札価格はよく考えて設定しましょう。

たとえば、最低落札価格を「1,000円」に設定し、開始価格を「300円」に設定した場合、1,000円未満の入札では落札されません。

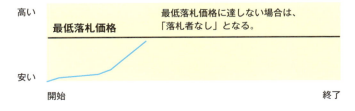

設定した金額以上の入札がないと、オークションは成立しません。

Hint 取引オプションの設定

取引オプションは、「商品情報入力」画面（P.59参照）から選択できます。設定の詳細とそのほかのオプションについては、Sec.42を参照してください。

Hint 最低落札価格を設定するメリット・デメリット

開始価格を低めに設定して、それよりも高い最低落札価格を設定することで、あまりに安い価格で落札される心配はなくなります。また低い開始価格で注目を集める効果もあるでしょう。ただし、あまりに高い最低落札価格を設定すると、いくら入札しようとしてもできない不満をユーザーに与えてしまう可能性もあります。よく考えて設定をしましょう。

Memo 最低落札価格に達しなかった場合

オークション期間内の入札金額が最低落札価格に達しなかった場合、オークションは落札者なしで終了します。このような場合は、最低落札価格を下げて再出品するとよいでしょう。

Section 34 過去の落札データを調べて参考にしよう

商品情報入力
参考価格を検索
過去の落札価格

商品に合わせた適正な価格を自分で考えるのは難しいものですが、ヤフオク!では、類似商品の過去の落札価格を検索することができるため、参考にできます。出品手続き中に検索することも、あらかじめ調べておくこともできます。

1 類似商品の落札データを調べる

Hint 検索結果から落札価格を調べる

キーワード検索やカテゴリ検索で現在出品中のオークションの検索結果を表示し、画面上部の＜落札相場を調べる＞をクリックすることでも、過去の落札価格を検索することができます。

類似商品の落札データは、「商品情報入力」画面（P.59参照）から検索できます。事前に設定したカテゴリから、該当するキーワードを含む商品を検索します。

1 P.59の「商品情報入力」画面で、「価格設定」の＜参考価格を検索＞をクリックします。

2 検索したい商品のキーワードを入力し、

3 ＜過去の落札価格を検索＞をクリックします。

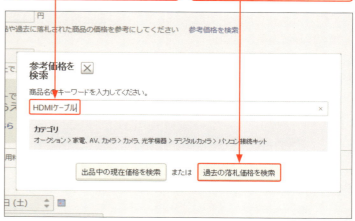

4 過去のオークションの落札価格が表示されます。

5 同じ商品でも、異なる価格帯で落札されていることが確認できます。

出品中の現在価格を調べる

1 P.96手順 **3** で＜出品中の現在価格を検索＞をクリックします。

2 出品中のオークションの現在価格が検索されます。

Memo 表示されるのは過去120日分まで

手順 **4** の画面で表示されるのは、過去120日分の該当するオークション情報です。なお、落札されなかったオークションの情報は表示されません。

Hint 入札数も考慮する

出品中のオークションの現在価格から適正価格を判断するときは、入札数も考慮に入れましょう。たとえば、ほとんどの商品が「1,000円」で出品されていても、1件も入札がないという場合は、その金額が適正な価格とはいいにくいと判断してよいでしょう。

Section 35 人気商品には即決価格を設定すると効果的

価格設定
即決価格
適正価格

人気商品やレアな商品は、多少高くても確実に手に入れたい人が買ってくれる可能性があります。そのような商品には、即決価格を設定しておくとよいでしょう。即決価格と通常のオークション形式を併用して出品することもできます。

1 「即決価格」とは

Hint 即決価格を設定する

即決価格を設定すると、オークションのタイトルの横に「即決価格」というアイコンが表示されます。なお、「即決」というキーワードで検索するユーザーもいるため、ヒットしやすくなるよう、タイトル内にも「即決」という言葉を入れておくとよいでしょう。

「即決価格」とは、入札するとすぐに落札できる設定価格です。即決価格が設定されているオークションでは、即決価格と「今すぐ落札する」というボタンが表示され、入札者がこの価格以上で入札すると、終了時間前でも即座に落札されます。

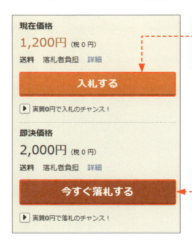

即決価格が設定されていても、オークション形式が併用されている場合、落札者は＜入札する＞をクリックして通常の入札ができます。

即決価格で落札する場合、落札者は＜今すぐ落札する＞をクリックします。

上の画面で＜入札する＞をクリックすると入札額を指定して入札できます。

上の画面で＜今すぐ落札する＞をクリックすると即決価格で落札できます。

Memo オークション形式を併用した場合

オークション形式を併用し、即決価格以上の金額での入札がなかった場合は、オークション終了時点の最高額の入札者によって、その金額で落札されます。

2 即決価格の設定ポイントと設定方法

即決価格を設定するときのポイントは、「少しくらい高めでも、早く、確実に手に入れたい」という買い手の気持ちをつかむことです。そのためには、類似商品の直近の落札価格を調査し、その価格の1.2〜1.5%程度高い価格に設定するとよいでしょう。反対に、「とにかく早く、確実に売りたい」場合は、適正価格より若干安めに設定しておくとよいでしょう。

> **Memo 類似商品の価格を調査する**
>
> 適正価格を知るには、これまでに同じような商品がどのくらいの金額で落札されているのかを知るのがいちばんです。類似商品の落札価格を知る手順については、Sec.34を参照してください。

1 P.59の「商品情報入力」画面の「販売形式」で任意の販売形式を選択します。

オークション形式と即決価格を両方設定して出品する場合は＜オークション形式で出品＞を、即決価格のみで出品する場合は＜定額で出品＞か＜定額で出品（値下げ交渉あり）＞を選択します。

2 「価格設定」の「即決価格」に即決価格を入力します。少し高めに売れることを望む場合は、適正価格に1.2%〜1.5%くらい上乗せしてみましょう。

> **Hint 旬の商品は即決価格で売りやすい**
>
> ユーザーが少し高くても今すぐほしいものとは、その時点で流行しているものであることが少なくありません。「今まさに旬!」といえる商品を出品する場合は、即決価格を設定し、相場が高いうちに売り切ってしまうのも手です。

Section 36 「自動延長」は必ず設定しておきたい機能

自動延長
残り時間
取引オプション

出品の際は、タイトルや商品説明文、価格にこだわるだけでなく、ヤフオク!ならではの効果的な機能も十分に活用しましょう。とくに注目すべきは「自動延長」です。自動延長を使えば、落札価格を引き上げるチャンスが増えます。

1 自動延長とは

 自動延長はヤフオク!独自の機能

自動延長は、ほかのオークションサイトにはない、ヤフオク!のオリジナル機能です。ぜひ活用してみましょう。

「自動延長」とは、オークション終了時間5分前から終了までの間に、現在価格より高額な入札があった場合、オークション終了時間がさらに5分延長される取引オプションの機能です。延長後も、同様のタイミングで入札があれば、何度もくり返し延長され、入札がなくなるまで続きます。

自動延長が設定されているオークションでは、商品詳細ページの「自動延長」に「あり」と表示されます。

自動延長が設定されている場合、残り時間5分以内に現在価格より高額な入札があると、さらに5分延長されます。

第5章 もっと工夫できる！出品・価格設定のコツをつかもう

2 自動延長の注意点と設定方法

　自動延長を設定している場合、オークション終了間際に現在価格より高額な入札があると、オークション自体がさらに5分延長されるため、活発な入札のやり取りが行われることになります。人気商品の場合、自動延長がくり返され、**落札価格が引き上げられる**という大きなメリットがあります。そして、自動延長の設定に**オプション料金は必要ありません**。メリットが大きい割にデメリットが少ない機能のため、積極的に設定することをおすすめします。

> **Hint 自動延長を嫌うユーザーも**
>
> 自動延長が設定されている場合、落札価格が上昇する傾向があるため、自動延長を嫌うユーザーも中にはいます。商品の価格や人気度などを総合的に考慮して設定するとよいでしょう。

1 P.59の「商品情報入力」画面の「自動延長」で「自動延長あり」のチェックボックスをクリックしてチェックを付けます。

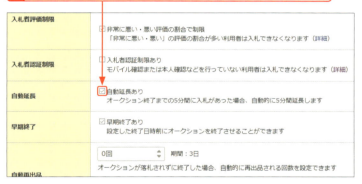

2 商品詳細ページで残り時間が5分を切ります。

3 現在価格より高額な入札があると、残り時間が延長されます。

> **Hint 残り時間の更新も大切**
>
> 「残り時間」に表示されている時間は、Webブラウザが更新された時点での残り時間です。自動延長により、残り時間が変わっている場合があるため、5分を切った場合はこまめにWebブラウザを更新しましょう。あるいは、＜詳細＞をクリックしてリアルタイムの残り時間を表示しましょう。

Section 37 オークションの終了日時はここがおすすめ!

| 終了時間 |
| アクセス数 |
| ターゲット |

確実な落札を狙うには、オークション終了時間のタイミングは重要です。ヤフオク!へアクセスしやすい時間帯を狙って終了時間を設定するとよいですが、ベストな時間帯はターゲットによってさまざまです。

1 終了日時はターゲットに合わせる

Memo 終了時間は1時間単位

終了時間は、「午後6時から午後7時」など、1時間単位の選択肢から選択して指定します。分単位の設定はできません。

入札数を多くするためには、「終了時間」を適切に設定する必要があります。このときに考慮したいのは、ユーザーがアクセスしやすい日時です。たとえば、ゴールデンウィーク、お盆休みやお正月休みなどの長期休暇の時期は、アクセス数が減る傾向にあり、終了時間に適していません。反対に、昼間に仕事や学校に出かけるユーザーが多いため、夜間はアクセス数が増える傾向があり、終了時間に適しています。しかし、より具体的な狙い目の時間はターゲットによって異なります。ターゲットとするユーザー層がインターネットをゆっくり楽しめるタイミングが、オークションの終了時間にふさわしい時間といえるでしょう。

P.59の「商品情報入力」画面の「開催期間」で、「終了日」と「終了時間」を選択してオークション終了のタイミングを設定します。

オークションの検索結果一覧の右側に、設定したオークション終了時間までの残り時間が表示されます。

Memo 検索結果の並べ替え

オークションの検索結果一覧は、項目によって並べ替えることができます。＜残り時間＞を1回クリックすると残り時間の少ない順に、もう一度クリックすると多い順に並べ替えられます。

2 ターゲット別の狙い目の時間

　出品する商品により、ターゲットは変わってきます。ヤフオク！の主な利用者は、大別すれば、「会社員」「主婦」「学生」の3つに分かれます。

　この3層は行動パターンが違い、ヤフオク！にアクセスする曜日や時間も違います。ターゲットの行動パターンを想定して、オークションの終了時間を設定すると、終了間際の競り合いを期待できるでしょう。

　ただ、どの層も昼間は働いている人が多く、夜にヤフオク！を利用する傾向があります。そのため、一般的にはオークションの終了時間は21:00～23:00に設定するのがよいでしょう。また、ヤフオク！でアクセスが集中するのは、会社員も学生も休みになる土曜日と日曜日です。なお、毎月25日などの給料日や夏冬のボーナス支給後もアクセス数が増えるため、狙い目です。参考にして終了時間を設定するとよいでしょう。

　ターゲット別の適した終了時間は以下のとおりです。参考にして終了時間を設定するとよいでしょう。

Hint ターゲットを決めることが重要

出品する商品によって、どのような人が購入するかをあらかじめ想定しておくと、終了時間だけでなく、商品情報を紹介する文言などを考える際にも有益です。

Memo 具体的なボーナス支給日

公務員のボーナスの支給日は法律で決まっており、夏のボーナスは6月30日、冬のボーナスは12月10日に支給されます。国家公務員も地方公務員も同日です。この日が土日祝日の場合は、くり上がります。民間企業のボーナス支給は公務員の支給日より遅く、大企業は6月後半、中小企業は7月10日前後が多いようです。

会社員

◎7:00前後（通勤前）
◎21:00～23:00（リラックスタイム）

主婦

◎15:00前後（家事が落ち着く）
◎21:00～23:00（子どもが寝たあと）

学生

◎16:00前後（帰宅時間）
◎休日前の22:00～24:00（リラックスタイム）

Hint 余裕のある時間を狙う

自動延長が設定されている商品は、時間に余裕があるときでないと入札しづらくなります。そのため、お昼休みのような短い空き時間を終了時間に設定するのは避けたほうがよいでしょう。

Section 38 ユーザーからの質問には迅速に答えよう

質問
回答
通知メール

出品した商品についての質問を受けることは、その商品がユーザーに興味を持たれていることを意味します。ユーザーからの質問にはすみやかにきちんと回答して、入札してもらえるようにしましょう。

1 質問に回答する

Memo 質問の通知メールを受け取る

出品商品について質問があった場合、メールで通知を受け取ることができるように設定しておきましょう。ヤフオク!トップページから、＜マイ・オークション＞→「オプション／設定」の＜自動通知の設定、解除＞の順にクリックし、「出品者として」の「質問」の「メール」のチェックボックスにチェックを付けると設定できます。

チェックを付けます。

商品ページを見てくれたユーザーの中には、商品や取り引きについて「もっと詳しく知りたい」と考える人もいます。そのようなユーザーは、疑問点が解消すれば入札してくれる可能性が高いので、質問にはきちんと答えましょう。

商品を出品するとき、質問のメールを受け取る設定にしていると（左のMemo参照）、出品中のオークションに質問がきたときには、「ヤフオク! - 質問」という件名の通知メールが届きます。その通知メールに記載されているURLから、質問に回答しましょう。

1 ユーザーから質問があったことを知らせる通知メールが届きます。

2 通知メール内のURLをクリックします。

Step up 質問が削除されている場合

質問によっては、質問欄への掲載がふさわしくない内容であると、ヤフオク!が判断することがあります。その場合、投稿内容は表示されません。また、その際はお知らせのメールも送信されません。

3 質問を選択します。　**4** 回答を入力します。

5 <確認する>をクリックします。

6 <送信する>をクリックします。

7 「送信完了」と表示されます。

8 質問と回答が公開されます。

Section 38 ユーザーからの質問には迅速に答えよう

Memo 質問の通知メールを設定していない場合

商品に対する質問を受けた場合、商品詳細ページの「出品者の質問」に質問の件数が表示されるので、それをクリックして回答します。質問の通知メールを設定していない場合はこの部分を定期的にチェックするようにしましょう。

Memo よくある質問と適切な回答の例

【Q】この商品を4,000円で即決落札させて頂くことはできますか？
【A】申し訳ありません。ほかの方もおられますので、対応できません。

【Q】休みの曜日の関係で、お支払いが来週の木曜日になりますが、かまいませんか？
【A】はい。お支払いは多少遅くなってもかまいません。ただし、商品の発送はご入金の確認が完了してからとなりますので、お含みおきください。

【Q】このソフトは、Macにも対応していますか？　それともWindowsのみですか？
【A】きちんと記述し忘れまして、申し訳ありません。WindowsにもMacにも対応しております。Windowsは8以上、MacはmacOS 10.12以上からご利用が可能です。

第5章 もっと工夫できる！出品・価格設定のコツをつかもう

出品のコツ

Section 39 出品中の商品に情報を追加しよう

情報追加
発送方法の変更
商品写真の追加

商品ページを改善することは、入札率のアップにつながります。出品した商品について、捕捉することがあれば積極的に情報を追加して、より多くの人に入札してもらえるようにしましょう。

1 商品情報を追加する

Memo 発送方法の変更も可

手順1の＜オークションの編集＞をクリックすると、発送方法を変更することができます。対応可能な発送方法が増えたときは、途中からでも追加したほうが有利です。

ヤフオク！では一度出品したら、写真を差し替えたり、商品説明を書き換えたりすることはできません。掲載している写真や情報に明らかに間違いがある場合は、いったんそのオークションを終了し、修正してから再出品するほうがよいでしょう。

ただし、補足的に説明したり、小さな間違いの修正であれば、追記する形で何度でもカバーできます。

また、商品について、商品の状況や取り引きの条件など質問があった点は、ほかのユーザーも疑問に思っているかもしれません。そういった質問への回答は、追記として、商品詳細ページにも掲載しておきましょう。商品詳細ページをよりよいものにすることで、入札者の増加や落札価格の上昇など、よい効果が期待できます。追記は、以下の方法で行います。

質問に回答したときなどは、情報追加のチャンスです。

Hint 商品写真の追加も可

商品写真の差し替えはできませんが、写真の追加はできます。デフォルトの状態では10枚まで掲載できるので、数が満たない場合は追加しましょう。なお、HTML編集（Sec.32参照）を利用すれば、写真の数をより増やすことが可能です。

1 商品詳細ページで＜オークションの編集＞をクリックします。

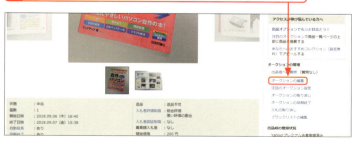

2 記入欄に追加情報を書き込みます。

3 <確認画面へ>をクリックします。

Memo 出品を取り消す際のペナルティ

出品を取り消したい場合、ヤフオク!トップページで<出品中>→取り消したいオークションの順にクリックし、<オークションの取り消し>をクリックして行います。ただし、そのオークションにすでに入札がある場合は、1オークションにつき540円（税込）の出品取消システム利用料がかかります（一部のカテゴリは異なります）。

4 内容を確認し、<更新する>をクリックします。

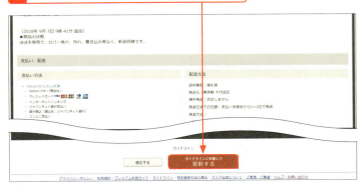

Hint 荷物情報の追加

商品が荷物としてどのくらいのサイズになるのかがわかれば、荷物の縦、横、高さの合計や重さの情報を追加することができます。大きな商品では荷物のサイズや重さを気にするユーザーもいるため、こうした情報を追加しておくとよいでしょう。

5 更新が完了したことが表示されます。

6 商品詳細ページを確認すると、追加した情報が掲載されています。

Memo オプションの追加

手順2の画面では、有料オプションも追加できます。オプションを追加する場合は、「オプション設定」で任意のオプションを選択します。

Section 40 再出品のときに見直したい改善ポイントはここ!

再出品
落札
自動再出品

ヤフオク!に出品した商品は、すべてが落札されるわけではありません。落札されなかった場合は売れなかった原因を探って、修正してから再出品し、次は落札されるように工夫しましょう。

1 落札されなかった原因を考える

Memo タイトルや出品カテゴリの見直し方

落札されなかった商品を再出品する際は、オークファン(Sec.45参照)や、ほかの人が出品している商品を参考にしてタイトル・出品カテゴリ・商品説明などを見直しましょう。

出品した商品が落札されなかった場合、ヤフオク！から自動的に「落札されずに終了しました」という通知メールが送られてきます。再出品の作業そのものは、メール内に記されている再出品のURLをクリックして出品ページを開き、以前に入力した情報を再利用すればよいので、かんたんです。

しかし、単に「売れなかったから再出品する」というのでは、また落札されずに終了することになりかねません。売れなかったなら理由があるはずです。タイトル、出品カテゴリ、商品説明文、画像、終了日時などを見直しましょう。

なお、マニア向けの商品のように、一部にコアなファンがいても、興味を持つ人の数が少ない商品の場合は、即決価格で売れる場合が多いので、必ず即決価格を設定しましょう。売れないときは、即決価格を下げると落札されるということもよくあります。

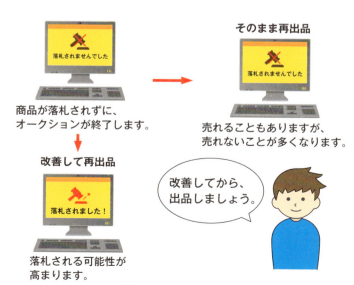

Hint 商品画像を差し替える

再出品の際、商品画像をもっとよいものに差し替えれば、落札される可能性もアップします。ただし、入札のなかったオークションを再出品する場合は、画像を変更することができないので、再度初めから出品する必要があります。

2 再出品は戦略的に行う

　出品して売れなかったからといって、安易に価格を下げたり、出品を取りやめたりするべきではありません。もし再出品する場合はまず原因を探り、戦略的に行ってこそ、意味があります。

　たとえば、同じ商品でも、もっと状態のよいものや価格が安いものが出品されると、当然自分の商品は売れにくくなります。しかし、対抗して値下げに走ると「価格破壊」が始まり、厳しい状態になりかねません。ライバル商品が売れるのを待つか、極端に安い場合は買い取って自分が売るのも手です。

　また、アクセスが少なくても、「ウォッチリスト」に追加した人が2～3人いる場合、マニアなど一部の人に人気がある商品だと考えられます。そのままの強気の値段で長期間様子を見て、それでも売れる見込みがない場合、価格を下げるようにします。

　開始価格を順次下げていく場合、ヤフオク！の「自動再出品」（P.62の画面で設定）で「自動値下げ」を設定しておくと、そのつど開始価格が下がった状態で再出品されます。人気商品は2～3日の短期で設定したほうが、盛り上がって売れる場合が多いですが、売れにくい商品の場合は長期戦の構えが必要です。

　なお、再出品は数が少ないうちはそれほど苦になりませんが、数が増えるにつれて面倒になり、数十点以上になるとかなり大変です。その場合は、「オークタウン」（下記参照）などのツールを使うと、数百点の再出品をわずか数秒で行えます。

http://auctown.jp/

オークタウン
ヤフオク！の大量再出品を一気に作業できる無料のサービスです。

Keyword　ウォッチリスト

ウォッチリストとは、ヤフオク！のトップページで＜ウォッチ＞をクリックするとアクセスできるオリジナルのオークションリストです。ウォッチリストにオークションを追加するには、商品詳細ページで＜ウォッチ＞をクリックします。

Step up　アクセス数を引き継ぎたくないときは

自動再出品では、商品ページのアクセス数が引き継がれます。手動で再出品すると、アクセスは0に戻ります。再出品した時点からカウントしたいときは、手動で再出品するか、アクセス数のメモを取っておきましょう。

Step up　よく売れる商品は値上げをする

売れた商品と同じ商品を仕入れて再出品しても売れた場合、設定価格が安すぎる場合があります。少し値上げして様子を見て、それでも売れるならさらに値上げしましょう。

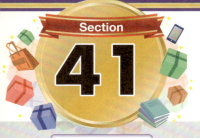

Section 41 ちょっとしたおまけを付けてライバルに勝とう

おまけ
お得感
送料

商品に「おまけ」を付けると、入札率が上がり落札価格も上がる傾向があります。ちょっとしたお得感を出すためにも、予算の範囲で何か「おまけ」を付けることができないか、工夫してみましょう。

1 おまけを付けてお得感をアピール

 商品に無関係なおまけはNG

ヤフオク!では、出品物以外の商品やサービスなどを、内容についての説明が不十分なまま「おまけ」などとして付加することは禁止行為とされています。商品とまったく関係のないおまけを付けたり、メインの商品よりも高価なおまけを付けるのは避けましょう。

子どもの食玩から大人の通販に至るまで、「おまけ」は強力な販促ツールとなっています。もちろんヤフオク!でも、おまけ商法は効果があります。

同じ商品であれば、おまけが付いているほうを購入したくなるのは、ごく自然な感情です。おまけを上手に活用して成果に結び付けましょう。とくに <u>競合が多い人気商品の場合</u>、おまけは非常に効果があります。

おまけは <u>高値誘導</u> にも使えます。たとえば、相場5,000円くらいの商品に800円くらいのものをおまけに付けます。そして、開始価格を5,500円としてオークションを始めます。これが6,000円くらいで落札された場合、<u>商品単品の相場よりも高い金額で落札された</u>ことになります。このように、ちょっとしたおまけが付いていることで、お得感が増し、相場より高値でも落札されやすくなるのです。なお、高価なおまけは不自然なので、安価なものにしましょう。

ヤフオク!で「おまけ付き」で出品されている商品の例。効果があることを知っている出品者は多数います。

Step up **不法コピーのおまけは犯罪**

パソコンなどのおまけに付いているソフトの中には、しばしば不法コピーされたものがあります。このような行為は犯罪に該当するため、決してやらないようにしましょう。

2 おまけは関連あるアイテムで

　おまけを付けるときは、タイトルに「おまけ付き」と記述するのが効果的です。ユーザーにとってはそのおまけが何なのか気になるため、商品詳細ページへのアクセス数がアップするからです。しかし、おまけに魅力がないと入札数は増えません。

　おまけとして人気があるのは、メインの商品の関連アイテムです。たとえば電池で動くおもちゃの場合、「新品電池付き」とすると、電池を買ってきたり家の中を探したりする手間が省けるので、喜ばれます。

　ただし、おまけを付ける際、注意しなければならない点があります。それはおまけを付けることで重くなったり、かさばったりした分、送料が上がる恐れがあるということです。ヤフオク！では一般的に落札者が送料を持つため、「送料が上がると、何のためのおまけか分からなくなる」という思いから、かえって入札数が減ることもあります。

　おまけを付ける場合は、送料無料にすればその恐れがなくなり、とても効果が上がります。ただしそうはいっても、送料分を自分が持つわけにもいきません。送料無料にした分、開始価格を高くするなど、自分が損をしないように、かつユーザーがあまり高く感じないように工夫をする必要があります。

Hint おまけを付けるなら常に付ける

おまけを付けると、高い評価を受けやすくなります。ただし、同じ商品を連続出品する場合、おまけがあるときとないときがあると、ないときに落札した落札者からの印象が悪くなる恐れがあります。おまけを付けるのであれば、できるだけ常に付けましょう。

商品とおまけ（例）

おもちゃや家電製品など電池を必要とする商品の場合、電池をおまけで付けるとすぐに使用できてお得感があります。

プリンターにはインクが必要なので、プリンターとインクをセットで出品するとよいでしょう。さらに、使用量の多いブラックインクを1本おまけとして付けると、お得感が増します。

Step up サプライズのおまけで高評価を獲得

最初から「おまけ付き」などとうたわずに、あとからおまけを付ける方法でも、受け取った落札者の多くは喜んでくれます。高い評価を集めるためにも効果的です。

Section 42 有料オプションで商品を目立たせるのもアリ

有料オプション
注目のオークション
背景色

有料オプションを使って商品ページを目立たせると、アクセス数が大幅に伸びていきます。ある程度出品にも慣れ、利益が出せるようになってきたら、商品によってはオプションを使用することを検討してみましょう。

1 商品ページを目立たせる

Hint 無料のオプションも活用しよう

オプションには、無料のものもあります。無料オプションには、「入札者評価制限」、「入札者認証制限」、「自動延長」、「早期終了」、「自動再出品」があります。それぞれ有効なので、必要に応じて活用しましょう。

ヤフオク！では、自分の出品物を目立たせるためのオプションを設定することができます。有料オプションには「注目のオークション」や「背景色」、「太字テキスト」などがあり、うまく使うとアクセス数を飛躍的に伸ばすことができます。ただし、あくまで目立たせるための手段であり、補助手段に過ぎないことは認識しておく必要があります。

入札する側としては、本当に重要なのは、出品されている商品の良し悪し、価格、そして出品者の評価です。有料オプションを使うのは、商品説明文をわかりやすくしたり、写真をきれいに撮ったり、傷や破損箇所を隠さず正直に写真に写したりするなど、基本的なことができているのが前提です。やるべきことをやらずに目立たせても、大きな効果は見込めません。

しかし、基本を押さえてきちんと出品した商品なら、目立たせることでアクセスを集めて入札数を増やし、落札価格を上げていくことが可能です。

Memo オークションしながらチャリティーも

オプションで、「みんなのチャリティーに参加」を選択した場合、落札されると、設定率に応じた金額が、「Yahoo!基金」を通して募金されます。このオプションを設定すると、募金対象商品であることを示すアイコンが表示されます。

ヤフオク!で「ハイヒール」で検索した画面です。「注目のオークション」が上位に表示されています。背景が黄色いものは、「背景色」のオプションも加えられています。

2 有料オプション一覧

　ヤフオク！には、さまざまな種類の有料オプションが用意されています。どれを選択すればよいのかは、商品の特徴や商品ページの内容によって違うので、下の一覧表を参考に検討しましょう。1つのオプションだけを利用することもできますし、複数のオプションを組み合わせることも可能です。ただし、どの程度の効果があるかを見極めるためにも、慣れるまでは1つの商品につき1つのオプションを利用するとよいでしょう。

　有料オプションを利用するには、「商品情報入力」画面（P.62参照）から設定します。「注目のオークション」や「背景色」などは1日あたりの設定金額を入力し、設定した日数分、料金が発生するしくみになっています。

> **Hint　効果のある有料オプションは？**
>
> 有料オプションの中でも効果が高いといわれているのは、「注目のオークション」です。どのオプションを利用するか迷った場合は、「注目のオークション」を利用してみるとよいでしょう。

あなたへのおすすめコレクション	落札価格の1.0～99.9％で設定	商品に興味がありそうなユーザーを対象に、ウォッチリストなどの「あなたへのおすすめコレクション」に商品を表示します。これを経由して入札されるとオプション料が発生します。
注目のオークション	1日あたり21.60円～	カテゴリのトップページや検索結果画面の上部に表示されます。設定金額が高いほど上のほうに表示されます。
太字テキスト	1日あたり10.80円	検索結果画面などで、商品のタイトルが太い文字で表示されます。
背景色	1日あたり32.40円	検索結果画面などのオークションの背景を、一般の白色から黄色に変更して目立たせます。ライバルが使っていないときは、とくに効果があります。
目立ちアイコン	1日あたり21.60円	オークションのタイトルの横にアイコンを表示して、その商品の特徴をアピールします。美品・非売品・限定品・保証書付・全巻セット・正規店購入・産地直送のアイコンから選べます。
贈答品アイコン	1日あたり21.60円	オークションのタイトルの横にアイコンを表示して、商品が贈答品に向いていることをアピールします。
最低落札価格	1日あたり108.00円	『これより安い価格で売りたくない』という最低価格を設定できます。
アフィリエイト	支払う報酬は自分で設定	ホームページやブログなどに、出品した商品の広告バナーを掲載できます。ヤフオク！以外のWebサイトでも宣伝できます。

> **Step up　「注目のオークション」は落札率も関係する**
>
> 「注目のオークション」で検索結果画面などの最上部に表示されるのは、上位3件です。この順位は、オプションの設定金額だけでなく、出品者の過去の落札率も関係します。過去の落札率が高ければ、より表示されやすくなります。

フリマ出品を活用しよう

　「フリマ出品」は、定額出品専用の出品機能で、Yahoo！JAPAN IDがあればすぐに利用できます。Yahoo!プレミアム会員に登録しなくても出品でき、決済もYahoo!かんたん決済のみのため、誰でも気軽に利用できます。オークション出品と同様に、匿名配送を選択すれば住所や氏名を知られることもありません。希望の金額で販売でき、不安なやり取りはヤフオク！で管理してもらえるため、初めてのネットフリマでも安心して取り引きできます。

フリマ出品の手順

　「フリマ出品」をするときは、ヤフオク！のトップページで＜フリマ出品＞をクリックします。あとは、オークション出品と同様に商品情報を入力するだけです。入力項目はオークション出品よりも少なく、シンプルでかんたんです。

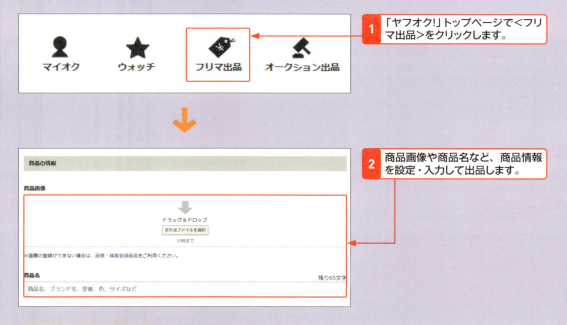

1 「ヤフオク!」トップページで＜フリマ出品＞をクリックします。

2 商品画像や商品名など、商品情報を設定・入力して出品します。

オークション出品との違い

　フリマ出品では、出品フォームに商品の写真と特徴を入力するだけで、オークション出品のように細かな設定は必要ありません。たとえば、開催期間は7日間と決まっているため、終了時間の指定も不要です。また、決済方法はYahoo!かんたん決済のみ（着払い不可）です。このように、かんたんな設定で気軽に出品できるのがフリマ出品の魅力です。なお、ヤフオク！アプリ（第7章参照）でも出品することができ、スマートフォン1つで取り引きが可能です。

第6章

大きく稼ぐ！
商品仕入れに挑戦しよう

- **Section 43** もっと稼ぎたいなら商品を仕入れて売ろう
- **Section 44** ヤフオク！で売りやすいジャンルはこれ
- **Section 45** 仕入れる前に情報をリサーチしよう
- **Section 46** 落札データを調べて人気商品を探そう
- **Section 47** ランキングやレビューから売れ筋商品をチェックしよう
- **Section 48** 検索エンジンやSNSで流行を調べよう
- **Section 49** 大型古書店や家電量販店で商品を探そう
- **Section 50** 地域限定の商品を仕入れよう
- **Section 51** ネットフリマでレア商品を探そう
- **Section 52** ネット問屋で激安商品を仕入れよう
- **Section 53** ネット上なら海外からの仕入れもラクラク
- **Section 54** 上級者はジャンク品に挑戦しよう
- **COLUMN** 古物商許可証を活用しよう

Section 43

もっと稼ぎたいなら商品を仕入れて売ろう

ヤフオク!の基本と極意
情報収集
仕入れ

出品に慣れてくると、さらにヤフオク!で利益を上げたいと考えたくなるものではないでしょうか。当然、大きく稼ぐことも可能です。本格的にヤフオク!で稼ぐためには、売れる商品を仕入れることが重要です。

第6章 大きく稼ぐ！商品仕入れに挑戦しよう

1 ヤフオク！で稼ぐためのポイント

 ヤフオク!で稼ぐ

ヤフオク!のオークション出品やフリマ出品の機能を利用するとはいっても、稼ぐということは商売です。慎重な下調べと戦略が必要です。こうした意識を持って取り組まないと損をすることもあるので注意しましょう。

　儲かる商売の原則は、「安く仕入れて、それよりも高く売る」ことです。ヤフオク!における収益のしくみも同じです。ただし、ヤフオク!の出品には、商品を仕入れる金額だけでなく、Yahoo!プレミアム会員の会員費や、落札システム利用料、設定するオプションの料金などの諸経費もかかります（Sec.15参照）。また、交通費や配送料など仕入れのために必要な経費もかかります。そのため、価格設定ではこれらの費用も計算に入れなくてはいけません。

商品の落札価格 － 仕入れ値／Yahoo!プレミアム会員費 月額498円（税込）／落札システム利用料 落札価格の8.64%（税込）／仕入れの際の経費 etc... ＝ 利益

これらの経費を逆算した価格設定が必要です。

2 情報収集力と仕入れ力を磨く

　売れる商品を安く仕入れるためには、「安く仕入れられるチャンス」に対する情報のアンテナの感度をつねに高めておく必要があります。たとえば、フリーマーケットやバザーの開催日、人気店のセール日程などは事前に調べておきます。さらに、季節、店舗による限定商品は確実に押さえておきましょう。また、人気が高まり品薄になる可能性がある商品も、情報をつかんだら、すぐに仕入れるというフットワークの軽さも重要です。

　仕入れた商品は、適切な売り時を見極める必要があります。季節の商品、人気商品はスピード感を持って、旬のうちに売り切ることが大切です。

　仕入れ先を海外に求めるのも1つの手段です。海外のセールなどはブランド品も含め、日本よりも値下げ率が高かったり、海外でしか手に入らない日用品などが売られていたりする場合があります。

　今では世界中のものがかんたんに手に入るようになりましたが、自分で海外から取り寄せるよりも、ほかの人が仕入れた海外商品を日本国内で購入するほうが、関税や支払いの問題、配送に時間がかかることなどの不安なしに購入できます。購入者にとってヤフオク！で海外商品を購入できるのは、とても魅力的です。このように、情報収集力と仕入れ力を高めることで、商売の基礎を固めていきましょう。

> **Memo** 適切な売り時
>
> 品薄の商品もいつかは安定供給されるようになります。限定商品も出品が遅れれば遅れるほど、ほかの出品者が多数現れます。適切な売り時は、「仕入れてすぐ」です。できるだけ早く出品することが、確実に落札されるポイントといえるでしょう。

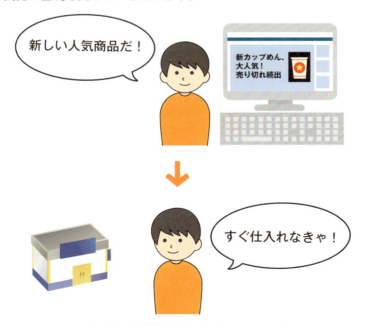

人気商品は、できるだけ早く仕入れて売るのがポイントです。

> **Memo** 売れる商品を見つける
>
> ヤフオク！で稼ぐためにもっとも重要なのが「売れる商品を見つける」ことです。また、それらを安定的に仕入れることのできる環境も必要です。売れる商品については、Sec.44を参照してください。

Section 44 ヤフオク！で売りやすいジャンルはこれ

ヤフオク！のニーズ
レアもの
絶版もの

日常生活で使用する身近で安価な品物から、自動車やオートバイのような高額商品、マニアックで稀少な商品まで幅広く扱われているヤフオク！ですが、その中でもとくに売れやすい商品ジャンルがあります。どのようなものがあるのか、見ていきましょう。

1 ヤフオク！で儲かる商品

Memo 仕入れが無料の商品を売る

ヤフオク！で出品する場合、仕入れ値が安いほど有利です。無料でもらえるものを売ることができれば、理想的です。株を持っている人なら、使い切れない株主優待券もよいでしょう。女性なら化粧品の試供品など、無料で手に入る商品を探してみましょう。

ヤフオク！で求められる商品のニーズは非常に多様ですが、大きく分けると、**3つのタイプ**に分類できます。

まず、第1は中古でもよいので、**とにかく商品を安く仕入れたい**というものです。一般の店舗で数万円もするような商品は多くの人にとって気軽に購入できないものであり、そのような商品をできるだけ安く買いたいと考える人は少なくありません。高価なコンピューターソフトやデジカメなどは、1つか2つ前のバージョンでも十分に使えますし、もっと古いものでも「**安くて使えればよい**」というニーズがあります。

また、**入手が困難な商品**をヤフオク！で探す人も多数います。典型的なケースは、コンサートチケットや、プロ野球、サッカーなどスポーツの観戦チケットです。ただし、転売目的でのチケットの大量購入や、高額での転売などは行ってはいけません。

生産が中止された商品も狙い目です。今では売っていない絵本やCD、絶版になった貴重な書籍は高値で落札されます。

商品を安く買いたい	レアな商品がほしい	販売されていない商品がほしい
ゲームソフトを安く買いたい。使えればいい。	○○のコンサートチケットがほしい。	卒論を書くのに、絶版になった本がほしい。

Memo ご当地グッズは狙い目

全国各地のご当地キャラクターグッズも、ほかでは買えない商品という点で狙い目です。旅行に行ったときは関連商品を仕入れて帰り、ヤフオク！に出品してみましょう。

2 売れそうな商品を考えるポイント

　ヤフオク！で稼ぐためには、商品が落札される確率を高めることがとても重要です。そのために有効なのは、自分の得意な分野で勝負するということです。自分がよく知っている分野なら、どのような商品が売れて、どのような商品が売れそうにないかを的確に見定めることが可能だからです。

　ITに強い人ならパソコンやソフト類などを、読書好きなら古本を、アニメ好きならアニメ関連の商品を扱ってみましょう。ゼロから勉強して知識を蓄える出品者に比べ、格段に有利な立場に立てます。自分の詳しい分野の商品を売って収益を上げながら、出品のスキルを積んで守備範囲を広げていきましょう。手当り次第に手を出すよりは、自分でできることから始めてコツコツ稼いでいくほうが、成果に結び付きます。

　また、売れる商品は意外と身近に潜んでいます。たとえばベルマークは、子どもが集めていない家庭では捨ててしまうことが多いものですが、PTAの活動などでベルマークを必要とする人が買ってくれるため、ヤフオク！では定番商品の1つとなっています。このように、身近にあってすぐ集められるものから、出品していくのもよいでしょう。

　ほかにも、「自分だったらどんな商品がほしいか」を考えてみると、ヒット商品に出会えることもあります。

Hint 「不」の付く言葉を探せ！

発明の基本は、「不」の付く言葉を探し、解決することだといわれます。これはヤフオク！にもあてはまります。不便、不満、不足などの問題を解決する商品はよく売れます。

自分の趣味や生活圏から発想する

会社員 → 出張が多い → 出張用品

主婦 → 生活用品を買うことが多い → ベルマーク

マンガ好き → マンガやアニメに詳しい → マンガの生原稿

Step up 出品した商品が売れないときは

商品が売れないときは、なぜ売れないのかを考えてみるとことが大切です。商品を探している側に立って、問題点を洗い出しましょう。検討して出品し直せば売れることもあります。

Section 45 仕入れる前に情報をリサーチしよう

オークファン
落札相場検索
開催中検索

自分の足で歩き回り、自分の目で商品を選ぶのも大切ですが、ツールやWebサイトを使えば大幅に効率をアップさせることができる作業もあります。ツールやWebサイトを上手に活用して、ヤフオク!での収入アップを図りましょう。

第6章 大きく稼ぐ！商品仕入れに挑戦しよう

1 「オークファン」で情報を収集する

Memo 「オークファン」無料会員での利用

無料の一般会員の場合、検索結果ページに広告が表示されます。また、調査するカテゴリや期間によっては、検索できる回数が制限されます。しばらく使ってみて、使用頻度が上がるようであれば、有料会員登録（プレミアム会員月額税込980円、ライト会員税込324円など）も検討しましょう。

ヤフオク!では、売れる商品の情報を効率よく集めることが収入アップの鍵になります。Amazonや楽天市場など、ほかのショッピングサイトのランキング情報は大いに参考になります。

また、オークション情報サイト「オークファン」は、ヤフオク!で役立つツールの中でも代表格といえるものです。無料会員になれば、ヤフオク!の過去6カ月分の落札データを無料で検索できます。かんたんにきれいな出品ページを作れるテンプレートや、商品画像のレタッチ機能など出品に役立つサービスも提供されているので、ぜひ使ってみましょう。

そのほかにも、オークファンでは、モバオクや楽天オークションなどのネットオークションの情報や、Yahoo!ショッピングや楽天市場などのショッピングモールで販売されている商品の検索もできます。同じ商品が別のWebサイトでいくらで売られているかを並べて表示させることもでき、とても便利です。

また、平均落札額や各オークションでの出品数の推移をチェックしたり、主要な運送業者の運送料を一覧で表示してくれる機能なども付いています。

 落札相場を1サイトに絞ることも可能

オークファンでは調査対象とするWebサイトを絞り込むこともできます。「ヤフオク!だけ調べたい」などというときは、検索条件を絞って検索しましょう。

https://aucfan.com

オークファン
「ヤフオク!」では欠かすことのできない便利なツールです。

2 オークファンの使い方

オークファンの検索には、過去にいくらで落札されたかを調査できる「価格相場を調べる」や、現在開催中のオークションやショッピングモールで販売されている商品の価格を、比較検討できる「お買い物をする」などがあります。

「価格相場を調べる」を使って調べれば、商品が落札される価格の予想を立てることができます。ただし、過去に高値で取り引きされても、現在は値を下げている商品もありますから、「お買い物をする」でも調べてみましょう。仕入れ前にチェックすることで、どのくらいの収益が上がるかを把握できます。

> **Hint 人気商品はウォッチリストに登録**
>
> 落札データ画面から過去に人気が高かった商品を検索しているうちに「売れそうだな」と感じる商品に出会ったら、ヤフオク!で開催中のオークションのページを開いてウォッチリストに登録し、分析しましょう。

1 オークファンにログインした状態で、＜お買い物をする＞をクリックします（＜価格相場を調べる＞をクリックすると、過去のオークションの落札価格を検索できます）。

2 検索したい商品名を入力し、

3 をクリックします。

4 現在開催中のオークションやショッピングモールの出品物の価格が表示されます。

> **Memo マイブックマークを利用しよう**
>
> オークファンの「マイブックマーク」は、気になる商品を記録しておく機能です。無料会員の場合、ブックマークできる数に制限はありますが、十分役立つため、商品の比較などに利用しましょう。

Section 46 落札データを調べて人気商品を探そう

オークファン
終了オークション
データ分析

オークファン（Sec.45参照）を使って過去のオークションの落札データを分析すると、いろいろなことが分かります。どのような商品の人気が高いのか、どのような説明文を書けば売れやすいのか、開始価格はどうするべきか、考えてみましょう。

1 落札データを分析する

Memo ヤフオク！の終了データも活用

ヤフオク！の終了オークションは、終了後も2週間はアクセスすることができます。データを分析したい商品はウォッチリストに入れておくと、終了後も閲覧することができます。

ヤフオク！全体の落札率は、10％を切っていると推定されています。出品物10件のうち、実際に落札されるのは1件以下ということです。ただし、売れた理由、売れなかった理由にはいろいろなことが考えられます。同じ商品でも売れるときと売れないときがあります。売れないときは、開始価格が高かったのかもしれませんし、商品の説明文が不十分であったのかもしれません。写真がきれいでなかったことも考えられますし、売るタイミングを逃したケースも考えられます。これらを事前に分析しておくことで、自分が出品したい商品は、どのように出品すると落札されやすくなるかを、ある程度つかむことができます。

ヤフオク！には膨大な商品データが眠っています。このデータを分析して、売れる商品とその売り方を特定していきましょう。ここではデータの取得にオークファン（Sec.45参照）を使います。

 オークファンのトップページを開き、＜価格相場を調べる＞をクリックします。

Memo 期間を限定した落札相場チェック

オークファンでは期間を限定して落札相場を調べることもできます。複数の月におよぶ「期間おまとめ検索」もできますが、無料会員の場合は月3回までとなっています。

2 商品名を入力し、

3 をクリックします。

4 検索した商品が一覧で表示されます。

5 「落札価格の安い順」と表示されているボックスの⇵をクリックしてメニューを開き、＜落札価格の高い順＞をクリックします。

6 落札価格の高い順に商品が表示されます。

7 気になる商品をクリックします。

8 商品情報の詳細を見ることができます。

分析のポイント

◎ どのようなタイトルか？タイトルに何か工夫がされているか？
◎ 写真は何枚、どのような角度から撮って掲載しているか？
◎ 商品の状態はどうか？
◎ 出品日時／終了日時
◎ 開始価格は？
◎ 出品者の「評価」はどうか？
◎ 入札件数は？
◎ 商品説明にどのようなことが書かれているか

Hint 並べ替えを活用する

手順5ではほかの並べ替えの順序を選択することもできます。たとえば＜入札の多い順＞を選択して分析すれば、同じ商品でもどのように工夫すればより多くの入札を集められるか、といったヒントが得られるかもしれません。

Step up 安く落札された商品も分析

商品が高く落札された場合も、安く落札された場合も、それぞれ理由があります。高く落札された場合だけでなく、安く落札された場合の反省点も分析することで、出品のコツをつかむことができるでしょう。

Section 46 落札データを調べて人気商品を探そう

第6章 大きく稼ぐ！商品仕入れに挑戦しよう

商品を仕入れる

123

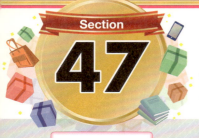

Section 47 ランキングやレビューから売れ筋商品をチェックしよう

ランキング
通販サイト
Amazon

ショッピングサイトで人気になった商品も、ヤフオク!で高く落札されるケースが多くあります。クチコミやレビュー、ランキングなどの情報をチェックして、仕入れと販売に役立てましょう。

第6章 大きく稼ぐ！商品仕入れに挑戦しよう

1 大手通販サイトの情報をチェックする

 通販サイトの写真・説明文も参考に

通販サイトでは上手に閲覧者の興味をそそるような商品写真や説明文を掲載しています。通販サイトの売り方もぜひ参考にしましょう。

今では多くの人が、インターネット上で買い物をします。人気の通販サイトでは、話題の商品があっという間に売り切れるほどです。こういった大手通販サイトをチェックしていると、ネットオークションの参考になりそうな商品をたくさん見つけることができます。

こういった人気商品を買った人の中には、いざ買ったけれどすぐに使わなくなって、商品をバザーやリサイクルショップに売る人もいます。そういった商品を見つけてたら、ぜひ手に入れてヤフオク!で出品したいものです。もともと話題の商品なので、ヤフオク!でも入札が集まり、よい価格で売れることが期待できます。

また、通販サイトの商品にレビューが付いており、これを読むとよい商品や売りやすい商品を選ぶ参考にもなります。レビューの内容は、商品紹介の文章を書く参考にもなるので、気になる商品のレビューはしっかり読んで、仕入れや売り方に生かしましょう。

Hint 通販サイトのバーゲン品を仕入れる

通販サイトではしばしばバーゲンセールを行っています。いくつかの通販サイトでは、メルマガに登録すると、セールの案内が早く届くので、計画的かつ効率的にお買い得商品を仕入れることができます。

大手通販「ニッセン」の商品の1つです。口コミを読むと、商品のよい点や悪い点を知ることができ、出品の際に参考になります。

2 Amazonの情報を活用する

　Amazonとヤフオク！では同じ商品が売られていることも多く、当然、Amazonでよく売れる商品はヤフオク！でも人気の商品です。そのためAmazonのランキングは、ヤフオク！でもとても参考になります。商品を仕入れる際は、Amazonでランキングをチェックする習慣を付けるとよいでしょう。

　また、Amazonの商品にはカスタマー（購入者）からの評価やレビューも付いているので、こちらも参考にするとよいでしょう。仕入れる前にAmazonにアクセスしてレビューを読むと、買い手にとって本当に役立つ商品か、価格と品質のバランスが取れているかどうかの判断も付きやすくなります。

　もちろん、Amazonで人気上位の品物を仕入れ、出品することもできます。以下の方法で、Amazonのランキングを確認して役立てましょう。

> **Memo 楽天市場のレビューも参考に**
>
> Amazonでレビューが付いていない場合やレビューの数が少ない場合は、楽天市場で同じ商品を探してみましょう。Amazonよりも多数のレビューが付いている場合があります。

1 Amazonランキング（https://www.amazon.co.jp/ranking）を開きます。カテゴリ別に人気商品が表示されます。

 ここでは＜ホビー＞をクリックします。

3 手順2で選んだカテゴリの中で、現時点でよく売れている商品が表示されます。

> **Step up Amazonの価格は、即決価格の参考に**
>
> インターネットで商品を探している人の多くは、ヤフオク！とAmazonの両方をチェックして安いほうを選ぶケースが多いため、Amazonの価格をチェックすると、即決価格を設定するときの参考にもなります。

Section 48 検索エンジンやSNSで流行を調べよう

| トレンド・流行 |
| 情報収集 |
| SNS |

インターネットで多く検索されていたり、SNSで多くの投稿がされたりしているワードは、今のトレンドを表しているといえます。これらのキーワードは、GoogleやYahoo!で調べることができます。トレンドはつねに押さえておきましょう。

1 検索ワードランキングを調べる

> **Memo テレビの影響力**
>
> インターネットの普及により、テレビの視聴時間が減っているとはいえ、テレビから発信される情報の影響力はいまだ健在です。番組だけでなく、芸能人の発言も要注目です。

テレビなどで紹介された商品の情報は、取り上げられた直後から**インターネット**や**SNS**などで話題になり、関連商品は瞬く間に品薄状態になることも少なくありません。

「**Google トレンド**」の「急上昇ワード検索」や「ランキング」では、今インターネットで話題になっているワードを調べることができます。話題のワードをこまめにチェックし、これらに**関連する商品**を仕入れて出品すれば、収益を上げることができます。ただし、流行の商品の旬は、長続きが期待できません。できるだけ**早く**仕入れて、**すばやく出品**するように心がけましょう。

https://trends.google.co.jp/trends/

> **Google Trends**
> 今、Googleで多く検索されているキーワードを調べることができます。

> **Memo Googleトレンドの使い方**
>
> Googleトレンドで「急上昇ワード検索」にアクセスするには、トップページ左上の ≡ →＜急上昇ワード検索＞の順にクリックします。「ランキング」にアクセスするには、≡ →＜ランキング＞の順にクリックします。

2 SNSでトレンドを探る

　SNSで発信される情報は、あっという間に世界中に配信され、人々の注目を集めます。SNSがトレンドを作り出すといっても過言ではありません。あらゆるSNSをこまめにチェックすることも重要ですが、かんたん・確実に今のトレンドを調べるには、Yahoo!の機能を利用するとよいでしょう。

　Yahoo!のトップページには、「リアルタイム検索で話題のキーワード」や「リアルタイム」カテゴリから、Twitterに投稿された日本語の公開ツイート、Facebookで公開されている投稿やInstagramの人気アカウントからの投稿で、今話題になっているキーワードを確認することができます。

> **Memo 関連ワードも参考に**
>
> 「リアルタイム検索で話題のキーワード」には、そのキーワードに関連するワードも表示されます。これらもトレンドチェックの参考にするとよいでしょう。

1 Yahoo!トップページを開くと「リアルタイム検索で話題のキーワード」が表示されます。

2 <話題のキーワードをもっと見る>をクリックすると、

3 話題のキーワードが20位まで表示されます。

> **Hint リアルタイム検索**
>
> 手順3の画面で<リアルタイム>をクリックし、検索欄にキーワードを入力して<検索>をクリックすると、入力したキーワードに該当するSNSの投稿の一覧が表示され、5秒ごとに更新されます。投稿の一覧をTwitter、Facebook、Instagramから絞り込むこともできます。

Section 49 大型古書店や家電量販店で商品を探そう

仕入れ
大型古書店
家電量販店

ふだん値下げされない書籍類や高価な家電などを安く仕入れたり、レアなゲームやおもちゃなどを手に入れる手段として、大型チェーンの新古書店や家電量販店は要チェックです。このような店舗をのぞくと、人気商品の情報も得られます。

1 古書店で商品を探す

> **Memo** 昔ながらの古書店
>
> 昔ながらの古書店では、新刊や人気本とは違うニッチなジャンルの書籍が手に入ります。このような書籍は高くても売れるため、情報収集のためにものぞいてみるとよいでしょう。

古書店といえば、神田古書店街のように、マニアックな本や専門的な本が並ぶ昔ながらの古書店を思い浮かべる人が多いでしょう。しかし、近年は「ブックオフ」に代表される大型チェーンの**新古書店**が増え、ふだん値下げされない書籍類を安く仕入れられるようになりました。新古書店では、新刊本、人気の本はもちろん、本来は昔ながらの古書店に並ぶような**価値のある本**を、思いのほか安価で仕入れられることもあります。また、店舗数も多いため、近場で仕入れることができ、人気商品の情報もチェックできます。

> **Memo** 付属品も高額ポイント
>
> 本や雑誌には、CDやDVD、エコバッグなどの付録が付いている場合があります。このような付録や本のカバー、帯など付属品があるほうが売れやすくなるだけでなく、落札価格も上がります。

> 新古書店では、新刊本や人気本は一般書店のように目立つところに陳列されています。また、一定期間内に売れない本は、100円コーナーなどに並べられます。

2 家電量販店で商品を探す

　今、「家電量販店」は、家電を安価に手に入れられる場所としてだけでなく、レアなゲームやおもちゃ、日用品を大量に仕入れられる場所としても要チェックな仕入れ先といえます。家電量販店で仕入れるメリットとして、次のようなことがあります。

・ポイントがゲットできる
・価格交渉ができる
・日用品も安価に仕入れられる

　なお、家電量販店で仕入れる際には、家電はセールを狙って仕入れるようにしましょう。家電量販店では、ボーナス期や決算期、年末年始など、定期的にセールが開催されます。各大手家電量販店のセール時期は確実にチェックしておきましょう。
　また、最新機種だけでなく、型落ちや廃盤の商品も狙い目です。値引き率が高いことはもちろんのこと、以降手に入らないことから、今後、落札価格が上がっていく場合もあります。

Keyword せどり

「せどり」とは、掘り出し物を第三者に販売して利ざやを稼ぐ商法のことです。主に、古書を扱う言葉として用いられていましたが、最近では、「家電せどり」や「ホビーせどり」などの使われ方もします。

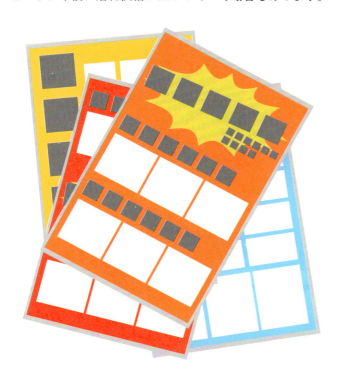

新聞の折り込みチラシなどを用いた、各店舗の価格状況のリサーチも大切です。価格交渉の際にも大いに役立ちます。

Hint 価格交渉

大手家電量販店の値引き交渉テクニックの1つとして、他店の価格を提示することが挙げられます。実際に値引きはなくても、ポイント付与の割合が増えるなどのメリットが期待できます。

Section 50 地域限定の商品を仕入れよう

特産品・名産品
農産物・魚介類
伝統工芸品

地域によっては、特産品や名産品とされる商品があります。人気の地域限定品や名物の食品を仕入れて、ヤフオク!で売ってみましょう。地域限定品は、その地域に住んでいない人にとって魅力的な商品となります。

1 地域の特産品を仕入れて出品する

> **Memo 食品の出品はガイドラインを守って**
> ヤフオク!のガイドラインには、「個人が趣味で作った食品、賞味期限の短い食品、ふぐなど取り扱いが難しい、または保存期間が短い食品や食材」が出品禁止物として挙げられています。くれぐれも注意してください。

ヤフオク!の出品物の中でも、**収穫されたばかりの米や果物、新鮮な魚介類**は安定した人気を誇っています。贈答品とする人や取り寄せて家族で楽しむ人が多く、特産品にはつねに一定の需要があります。

自分や実家が農家や漁師の場合、ヤフオク!を活用すれば**大幅に収入をアップできる可能性**があります。農協や市場に卸すよりも、利幅が大きいからです。もちろんそのような環境でない場合も、**生産者とコンタクトを取り**、仕入れて売れるように工夫してみましょう。

また、農産物や魚介類に限らず、**伝統工芸品**なども人気があります。ほかにも、地元で売っているレアな**地酒**を仕入れて、出品してもよいでしょう。おいしい地酒は日本酒好きの間で安定した人気があり、落札者好みの味であればリピーターになってくれるかもしれません。

> **Memo アルコール飲料のガイドライン**
> ヤフオク!のガイドラインには、「インターネット上で反復・継続して出品する場合は、酒税法上の通信販売酒類小売業に該当し、通信販売酒類小売業免許が必要となります。ただし、出品する方が自ら消費する目的で小売業者から購入したまたは他者から譲り受けた酒類のうち、家庭等で不要となったものを出品することは可能です。」と記載されています。

ヤフオク!の「食品・飲料」カテゴリのページ

2　地域限定バージョンのお菓子も人気

　地域限定のお菓子や食品もヤフオク！では人気があります。その商品を売っている地域から遠い場所に住んでいる人でも、ヤフオク！ならかんたんに手に入れることができるためです。少々高値でも、販売している地域に行く交通費などを考えれば、ヤフオク！で落札したほうが安く済みます。

　また、各地域には、全国展開しているお菓子の地域限定バージョンが多く販売されています。おみやげ屋で販売されているものや、各地域のコンビニなどで売られているものなど、各所にさまざまな種類の地域限定商品があります。自分の地域では当たり前に売られているお菓子が、実は地域限定の商品で、ほかの地域に住んでいる人にとっては貴重な商品であることもあります。とくに地方に住んでいる人は、身の回りにそのような商品がないか、調べてみましょう。

> **Memo　賞味期限に注意する**
>
> 食品を出品する場合、気を付けなくてはならないのは賞味期限です。落札者に届く前に賞味期限が切れるようなトラブルがあってはいけません。賞味期限が近い場合は、そのことを必ず商品説明文に書いておきましょう。

ヤフオク！のトップページで＜食品｜飲料＞→＜菓子、デザート＞の順にクリックし、「限定」をキーワードに検索すると、多くの地域限定商品がヒットします。

> **Hint　地元の観光協会や役所のサイトをチェック**
>
> 地元の特産品を探すときは、地元の観光協会、役所、農協（JA）などのWebサイトを見ると、ヒントになるものがたくさん載っています。食品、伝統工芸品などを探してみましょう。

Section 51 ネットフリマでレア商品を探そう

ネットフリマ / フリマアプリ / レア商品

ネットフリマでの仕入れのメリットは、圧倒的に仕入れ価格が安いこと、そして、レアな商品がたくさん出品されていることです。ネットでかんたんに商品のリサーチができることも魅力ですので、うまく使いこなしましょう。

1 プレミア価格のレア商品を探す

Memo ブクマ！

ブクマ！は、本に特化したネットフリマです（http://ブクマ.com/）。小説のような書籍だけでなく、教科書のような教材も取り引きできます。

ネットフリマというと、ヤフオク！以外にも、「メルカリ」をはじめとして「ラクマ」、「モバオク」など、ここ数年で多くのネットフリマが誕生しました。これらのネットフリマの大きな特徴は、誰でも気軽に出品できることです。「もう使わないから捨てるより売りたい」という「儲け」を意識しない利用者も多く、最新のアイテムや人気商品だけでなく、コレクターズアイテムやレトロな商品、非売品、個性的なものなど、さまざまな商品が出品されています。

メルカリ（https://www.mercari.com/jp/）
株式会社メルカリの運営する日本最大級のフリマアプリ（サイト）です。

モバオク（https://www.mbok.jp/）
株式会社モバオクが運営するインターネットオークションサイトです。フリマ販売も提供しています。

ラクマ（https://fril.jp/）
楽天株式会社が運営するフリマアプリ（サイト）です。2018年2月に「フリル」と統合され、新ラクマとしてスタートしました。

Memo ミンネ

ミンネは、ハンドメイドの商品を売買することに特化したネットフリマです（https://minne.com/）。アクセサリーやファッションアイテムだけでなく、家具なども売買されています。

レアな商品はプレミア価格が付き、高値で売買されます。次のようなポイントを押さえ、レア商品を探してみましょう。

非売品

景品として限定数配布されたもの、関係者しか手に入らないものなどの非売品は、プレミア価格の付きやすい商品です。ただし、配布元の人気度により値段は大きく動くため、売り時には注意が必要です。

限定品

販売数の少ないもの、ファンの多いものは、確実にプレミア価格が付きます。販売時も購入が難しかったもの、フリマに出品される数の少ないものは、とくに要チェックです。

アイドルグッズ

今、旬のアイドルから、昔懐かしいアイドルまで、人気のアイドルのグッズは、安定してプレミア価格の付きやすい商品です。ただし、旬のアイドルグッズの取り引きにはスピード感が必要です。

教材・育児用品

子どもの使うものは、使う時期が限られるため、フリマでの出品が比較的多いジャンルです。とくに、特定の塾や教室の教材、評判になった知育玩具などは、需要の高さと手に入りにくさがあいまってプレミア価格が付きやすくなります。

ホビー用品

ゲームカードやフィギュアなど、ホビー用品は幅広い年齢層が購入対象となります。とくに希少性の高いゲームカードなどは、販売価格からは想像できないほどのプレミア価格が付くことがあります。

> **Memo オタマート**
>
> オタマートは、アニメ・漫画・ゲーム・アイドル・声優などに関連するグッズの売買に特化したネットフリマです（https://otamart.com/）。サイト内の「おすすめ作品」で今旬のアイテムを知ることができます。

> **Hint ネットフリマを使用する際の注意点**
>
> ネットフリマにはいろいろな商品が出品されていますが、よく説明を読まないと、商品に欠陥があったり、不足物があったりすることもあります。また、出品者ごとに独自のルールを課している場合もあるので、取り引きの際はきちんと説明を読んでから購入するようにしましょう。

Section 52 ネット問屋で激安商品を仕入れよう

| ネット問屋 |
| 大量仕入れ |
| 仕入れ |

ヤフオク!で本格的にビジネスを考えるなら、ネット問屋を仕入れ先にする手もあります。まとまった数を購入したい場合は、会員登録が必要な場合もありますが、ネット問屋を利用することでコストと手間を省くことができます。

1 インターネット上の問屋を利用する

 個人では購入できないネット問屋もある

ネット問屋の中には、業者としか取り引きを行わない問屋もあります。今後の取り引きのためにも、きちんと調べて利用しましょう。

インターネット上には、多くの<u>ネット問屋</u>が存在します。ネット問屋であれば、食品からアクセサリー、生活雑貨、地域限定商品など<u>ありとあらゆる商品</u>を<u>全国どこからでも</u>仕入れることができます。有料の会員登録が必要であったり、大量購入しか受け付けなかったりする問屋もありますが、個人でかつ小ロットから購入できる問屋もあります。また、売れ筋商品の情報を発信していることも多いので、仕入れの参考にするとよいでしょう。<u>自分の売りたい商品が売りたい数量で仕入れられる</u>ネット問屋を見つけておくと、ビジネスに大変有利です。

https://www.netsea.jp/

NETSEA（ネッシー）
アクセサリー、コスメから家具までも扱う総合問屋です。

https://www.orosidonya.com/

卸問屋.com
日用品だけでなく、季節の商品や家電、ブランド品も扱う総合問屋です。

 発送のタイミングを注意する

大量購入の場合、商品を取り寄せてから発送される場合があります。そのため、注文から発送までどのくらいかかるのか、きちんと確認しましょう。

http://www.kaeru-chan.net/

> **かえるちゃんネット**
> 美容用品、健康用品、生活用品などを、非常に安く仕入れることができます。

http://www.maruzen-toy.com/

> **丸善商店**
> 大阪のおもちゃ問屋です。大中小さまざまなメーカーの多種多様なおもちゃが揃っています。

http://www.chaoroshisohonpo.net/

> **茶卸総本舗**
> 1000種類以上の茶葉を集めたお茶専門の問屋です。業者から個人まで、幅広く対応しています。

https://kohsui.com/

> **香水問屋**
> 香水を中心に扱う問屋です。アトマイザー、アロマグッズなどの関連商品も取り扱っています。

Hint 専門問屋

どんなジャンルの商品を仕入れるか決まっている場合は、そのジャンルを専門に扱う問屋を選択するとよいでしょう。専門問屋は、専門とするジャンルの商品を豊富に取り揃えているため、仕入れる商品の選択肢が広がります。

Memo 登録料や利用料を確認する

ビジネスが軌道に乗るまでは、必要な経費は極力抑えたいものです。登録料や月額利用料が無料の問屋を利用するとよいでしょう。

Section 53 ネット上なら海外からの仕入れもラクラク

海外製品
海外オークションサイト
海外仕入れ

すでにブームになっているもの、日本にはない便利なものなど、海外には売れる可能性のある商品がたくさんあります。ヤフオク!に慣れてきたら、海外製品の仕入れにも、ぜひ挑戦してみましょう。

1 インターネットで海外の商品を仕入れる

 eBay

eBayは、世界最大級のオークションサイトです。「見つからないものはない」といわれるほどの豊富な品揃えです。個人利用からビジネス利用まで対応しています。

ヤフオク!を利用したビジネスで本格的に稼ぐことができるのが、外国製品の販売です。ブランド品を始め、衣料品や生活雑貨など、日本に入ってきていないものも意外に多く、特定の地域の特定の店舗にしかない限定品などは高値で取り引きされます。また、海外ブランドのセールでは、日本では対象にならないものもセール対象になっている場合があります。そのため、ブランドの公式サイトや海外のファッション通販サイトなどもチェックしておくとよいでしょう。

そのほかの仕入れ方法として、「eBay」や「AliExpress」のような海外のオークションサイトや外国のAmazonなどを利用する方法もあります。

海外仕入れは、国内仕入れよりもある程度の費用と時間がかかるうえ、言葉の問題もあります。しかし、ビジネスを成功させるには、圧倒的に海外仕入れのほうがおすすめです。

ブランド品、コスメ、雑貨だけでなく、日用品など、さまざまな海外製品が売れる可能性があります。

 AliExpress

外国人をターゲットにした、中国の卸売りを専門に行うサイトです。ショッピング感覚で仕入れることができるので、とくに海外仕入れ初心者には使いやすいWebサイトです。

https://www.ebay.com/

eBay
世界最大級のオークションサイトです。欧米諸国でもっとも多く利用されています。

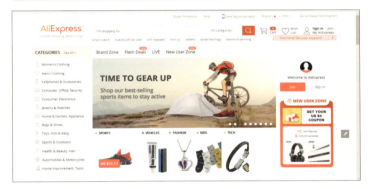

https://www.aliexpress.com/

AliExpress
中国の卸売りサイトです。ネットショッピング感覚で利用できます。

https://www.amazon.com//

Amazon
Amazonの英語版サイトです。品揃えが日本のAmazonと異なります。

Hint 海外輸出と送料

海外のWebサイトでショッピングをする際に、とくに気を付けたいのが、海外への発送の可否とその送料です。国内配送よりも送料がかかりますし、購入金額によっては関税の問題もありますので、よく調べてから利用しましょう。

Memo 海外のAmazonで購入する

Amazonはアメリカだけでなく、ヨーロッパの各国でも対応するWebサイトがありますが、どのWebサイトもほとんど日本のAmazonと同じ手順で購入できるのがメリットです。また、海外のAmazonで購入する場合も、当然のことながら送料と手数料が必要になります。

Section 54 上級者はジャンク品に挑戦しよう

ジャンク品
パーツ販売
完動品販売

パソコンやパソコンの周辺機器などの「ジャンク品」は、分解して正常なパーツのみを売ることも、修理して販売することもできます。機械に強い人にぴったりの出品ジャンルです。

1 ジャンク品を分解してパーツを売る

ヤフオク！にはしばしばまだ使えるパソコンや周辺機器が、「ジャンク品」という扱いで出品されています。このようなパソコンは非常に安い価格で買うことができますから、**分解してパーツを販売**すれば収益を上げることができます。パソコンに限らず、プリンタやデジカメ、DVDドライブなど、何にでも応用できます。

機械類の場合、同じメーカーの製品ごとに異なる構造になっていることが多いため、各メーカーごとに**分解のスキル**を積んでいく必要があります。機械類が好きな人なら早くスキルを習得することができるでしょう。誰もができる作業ではないので、**競合が比較的少ないのもメリット**であるジャンルです。

なお、自分で製品を分解するほか、秋葉原の電気街などに出かけて**ジャンク品を安く仕入れて転売する**こともできます。首都圏の機械好きにとって秋葉原は身近ですが、地方の人はかんたんに行くことはできません。そのため、秋葉原の電気街で仕入れたパーツもヤフオク！では好評です。

> **Memo ジャンク品＝故障品とは限らない**
> 故障品のことをジャンク品といいますが、現在、ジャンク品という用語には、売れ残り品や動作未確認の中古品、旧規格品なども含まれます。仕入れるときは故障品は避けて、そのほかのジャンク品を手に入れると、あとあと有効に使えます。

> **Memo ジャンク品の商品説明には注意を**
> ジャンク品の定義や印象は人によってさまざまです。自分ではまったく使えないことを前提に出品しているつもりでも、落札者側が「少しは使えるのでは？」などと思っていると、のちにトラブルになる可能性があります。ジャンク品を出品する際は、どこまで使えるのか、どこまで動作確認できていないのかなど、詳しく説明しましょう。

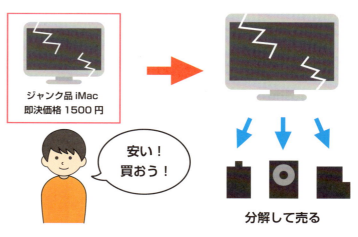

2 ジャンク品を完動品にして売る

　単にジャンク品を分解するのに比べると難易度は上がりますが、不備のあるパソコンや周辺機器を使えるようにして完動品として売れば、利益も増えていきます。修理すれば正常に動きそうなものを見つけたら、購入して動くようにしましょう。単なる動作未確認でジャンク品扱いになっているようなものの場合、意外とかんたんに修理することができます。

　ジャンク品のパソコンや周辺機器などは、ヤフオク!のほかモバオクなどでも探すことができます。友人や知人に声をかけて、使わなくなった製品を譲り受けてもよいでしょう。

　しかし、最近は新品の商品でも安く販売されているため、ベースとなるジャンク品を仕入れる際、現在人気がある機種かどうかを確認したほうがよいでしょう。人気のある機種を選ばないと、労力に見合う利益を出せない場合もあります。

Hint 故障したパソコンの処分はヤフオク!で

パソコンなどの製品はゴミとして捨てることはできません。料金を払ってメーカーに回収してもらうように、法律で義務づけられています。自分のパソコンが壊れたときは、ヤフオク!に「ジャンク品」として出品すると、パーツを目的とする人に落札してもらえる場合もあります。本来、料金を払って処分してもらうものですから、たとえ1円で落札されても得になります。

Memo パーツの販売は機械好きの世界

秋葉原の裏通りの店の前に置かれているパーツの中には、転売すればよい収益になるものもあります。ただし、機械に強くない人ではニーズのないパーツを仕入れてしまったり、出品するとき説明文が書けなかったりします。機械に強くない人が手を出すべき分野ではないでしょう。

COLUMN 古物商許可証を活用しよう

継続して中古品を販売していく場合、盗品などの売買防止やすみやかな発見を目的に制定された「古物営業法」に則り、古物商としての登録が必要となります。古物商登録にはメリットも多いので、今後本格的に中古品を販売したい場合は、ぜひ取得しましょう。

古物商許可証とは

中古品を売買する場合、各都道府県の公安委員会から古物商許可証を受けることが義務付けられています。ヤフオク！では登録していなくても、出品数や頻度が少ないうちは、とくに注意を受けないのが現状です。しかし、くり返し出品したり同じ商品を大量に販売したりすると、登録を求められることがあります。

登録すれば、正々堂々と中古品の販売ができるようになります。たとえば、古本を中心に扱う場合は、古書店だけではなく、個人からも買い集めることができるようになります。ヤフオク！のユーザーの中には、出品者のプロフィールを確認してから入札する人も多いので、「古物商許可証取得」と記述しておくだけで、信用度が高まり、販売においても有利になります。

古物商許可証を取得するには？

古物商許可証は、管轄の警察署に行って申請することで取得できます。申請に際しては、住民票や成年被後見人・被保佐人に登記されていないことの証明（法務局で発行）など、さまざまな書類が必要になります。個人と法人では必要書類に若干の違いがあるため、事前によく調べて申請してください。取得にかかる費用は、約2万円です。

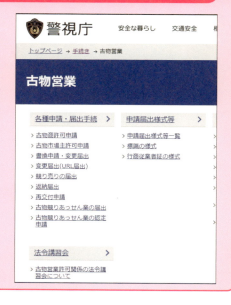

警視庁の「古物営業」のWebページ
http://www.keishicho.metro.tokyo.jp/tetsuzuki/kobutsu/index.html

第 7 章
スマホアプリで お手軽に入札・出品しよう

- **Section 55** ヤフオク！アプリでの入札・出品の流れ
- **Section 56** ヤフオク！アプリをインストールしよう
- **Section 57** ヤフオク！アプリでログインしてみよう
- **Section 58** スマートフォンで入札しよう
- **Section 59** 落札できたら出品者と連絡を取り合おう
- **Section 60** 似た商品がいくらで売れるか調べてみよう
- **Section 61** 商品写真を撮影してアップしよう
- **Section 62** 商品の情報を入力しよう
- **Section 63** プレビューで商品ページを確認して出品しよう
- **Section 64** パソコンから出品した商品を再出品しよう
- **Section 65** 落札されたら落札者と連絡を取り合おう
- **Section 66** スマホアプリから一括再出品を行おう

Section 55 ヤフオク！アプリでの入札・出品の流れ

入札・出品 / スマートフォン / アプリ

スマートフォンにヤフオク！アプリをインストールしておけば、空いた時間に商品や取引の確認、連絡などがスムーズに行えます。また、アプリのみでヤフオク！を利用する場合は、Yahoo!プレミアム会員に登録する必要はありません。

1 ヤフオク！アプリでできること

パソコンでヤフオク！を利用すると、画面も大きく表示も詳細でわかりやすいですが、外出先やちょっとした時間に気軽にヤフオク！を行えません。そのようなときは、パソコンと並行して、スマートフォンでアプリを利用するととても便利です。スキマ時間に、商品のチェックや問い合わせへの対応などを行うことができます。

パソコンとスマートフォンで同じIDでログインしていれば、チェックした商品も共有でき、同じ条件で利用することができます。

なお、ヤフオク！アプリだけでヤフオク！を楽しむ場合は、Yahoo!プレミアム会員に登録しなくても、オークション出品が可能です。ただし、使える機能には差があります。

主な機能

	Yahoo!プレミアム登録なし	Yahoo!プレミアム登録あり
出品できるデバイス	アプリ限定	全て PC／スマホ／アプリ
オークション終了日時	翌日の21：00〜23：00	選択可能 最長7日＋11時間
下書き機能	―	10件
オプション設定	―	設定可能
価格設定	開始価格のみ	即決価格も設定可能
落札システム利用料	10％（税込）	8.64％（税込）

入札や出品、問い合わせなどの操作はアプリでも十分に可能です。

> **Memo ▶ スマホからの利用者**
> スマートフォンからのヤフオク！の利用者数が約1,700万人以上います。2018年9月現在では、圧倒的にスマートフォンからの利用者のほうが多くなっています。

> **Memo ▶ 通信量に注意**
> スマートフォンを使うと、ついついこまめにチェックしてしまい、知らぬ間に通信量が多くなってしまうことがあります。通信制限を受けたり、高額な通信料金を請求されることのないように、注意しましょう。

第7章 スマホアプリでお手軽に入札・出品しよう

2 入札・出品の流れ

入札、出品の流れは、パソコンを使用した場合と変わりません。また、アプリから利用した場合も、Yahoo!かんたん決済の登録は支払い手続きのために必要になります。

アプリで入札する

❶ 商品を探す
キーワード検索やカテゴリ検索を利用して、目的の商品を探します。

❷ 入札する
欲しい商品が見つかったら、購入したい金額を入力して入札します（即決価格やフリマの場合は、金額の入力は必要ありません）。

❸ 落札する
オークション終了時に最高値を付けていると、商品を購入できます。

❹ 取引する
「マイオク」の新着情報に落札が表示されます。画面の指示に従って情報を送信し、支払いを済ませます。

❺ 評価する
商品が到着したら、「受け取り完了」の連絡をし、取引相手を評価します。

アプリで出品する

❶ 商品を出品する
商品写真を撮影し、商品情報を入力して商品を出品します。

❷ 入札状況をチェックする
「マイオク」の「出品中」から商品ページを表示し、入札状況を確認します。入札件数とウォッチリストの登録数がわかります。

❸ 落札される
オークションが終了すると、オークション終了の通知が届きます。

❹ 取引する
「お届け先」と「支払方法」、「支払い完了」の連絡があったら、商品を梱包し、発送します。発送後は発送連絡をします。

❺ 評価する
「受け取り完了」の連絡があったら、取引相手を評価します。

Keyword　Yahoo!かんたん決済

ヤフオク!での金銭のやり取りは、Yahoo!かんたん決済を利用して行われます。これまでにYahoo!かんたん決済を利用したことがない場合は、氏名、住所、クレジットカード番号などの登録が必要です。

Keyword　評価

取引が完了したら、出品者も落札者も、お互いを評価します。評価には、次のようなレベルがあります。

・非常に良い
・良い
・どちらでもない
・悪い
・非常に悪い

Section 56 ヤフオク！アプリをインストールしよう

ヤフオク！アプリ
Google ストア
インストール

ヤフオク！アプリをインストールすると、いつでもどこでも空いた時間にヤフオク！を楽しむことができます。アプリは、Android端末はPlay ストアから、iPhoneはApp Storeから無料でインストールできます。

1 ヤフオク！アプリをインストールする

Memo iPhoneでヤフオク！アプリをインストールする

ここでは、Android端末の画面で解説しています。iPhoneにヤフオク！アプリをインストールしたいときは、＜App Store＞で「ヤフオク」を検索します。検索したら＜入手＞→＜インストール＞の順にタップします。途中でApple IDとパスワードの入力が求められたら、入力して認証します。

1 ホーム画面から＜Play ストア＞をタップします。

2 ＜Play ストア＞アプリが開きます。

3 検索ボックスをタップします。

4 「ヤフオク」と入力し、

5 一覧に表示された＜ヤフオク！＞アプリをタップします。

Hint ヤフオク！アプリの機能

ヤフオク！アプリを使うと、かんたんに出品や入札ができます。いつでもどこでも利用でき、大切なお知らせがあると、プッシュ通知で知らせてくれます。

6 ヤフオク!アプリの インストール画面 が開きます。

7 <インストール>を タップします。

8 <開く>に変わる と、インストールが 完了します。

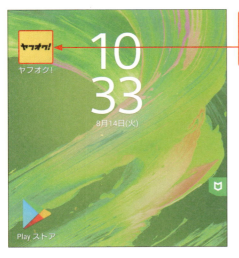

9 ホーム画面にヤフ オク!アプリのアイ コンが追加されま す。

Hint ヤフオク!アプリの アンインストール

アプリをアンインストールするときは、<Playストア>アプリでヤフオク!アプリのインストール画面を開き、<アンインストール>をタップします。iPhoneでは、ホーム画面でアイコンを長押しして、●をタップします。

Hint アプリの起動

アプリを起動するときは、ホーム画面やアプリ画面からヤフオク!アプリをタップします。また手順8の<開く>をタップしても、アプリを起動できます。

Section 57 ヤフオク!アプリでログインしてみよう

| ログイン |
| ログアウト |
| 画面構成 |

ヤフオク!アプリは、ブラウザで利用するヤフオク!サイトとほとんど変わらない画面構成になっており、タップ操作で出品と入札が可能です。細かな設定を行いたいときは、「その他」画面を確認してみましょう。

1 ヤフオク!アプリでログイン・ログアウトする

Keyword ログインID

ヤフオク!の登録をYahoo!メールで行った場合は、「@」より前の文字がログインIDとなります。

ログインする

1 ホーム画面からヤフオク!をタップします。

2 ログイン画面が表示されます。

3 <ログイン>をタップします。

4 ログインIDを入力し、

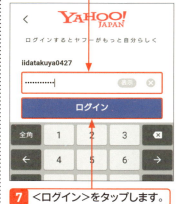

5 <次へ>をタップします。

6 パスワードを入力し、

7 <ログイン>をタップします。

Hint パスワードの表示

ログインパスワードの内容を見ながら入力したい場合は、入力ボックスの右側にある<表示>をタップし、青く表示させます。

ログアウトする

1 ＜その他＞をタップします。

設定・情報
iidatakuya0427
プレミアムサービス登録

2 IDをタップします。

3 IDが選択された状態で、

4 ＜ログアウト＞をタップして、ログアウトします。

Step up ▶ IDを追加

複数のIDを使い分けている場合は、ログアウトするIDを選択します。また、IDを追加したい場合は、手順**3**の画面の＜IDを追加＞をタップして追加します。なお、iPhoneではIDの追加はできません。別のIDに切り替えるには、手順**3**の画面で＜別のIDでログイン＞をタップします。

2 ヤフオク！アプリのホーム画面構成

Key word ▶ チェックした商品

同じIDを利用していれば、**2**には、パソコン版ヤフオク！でチェックした商品も表示されます。

①検索ボックス	キーワードを入力して検索します
②チェックした商品	最近チェックした商品が表示されます
③ホーム	ホーム画面に戻ります
④検索	キーワード検索やカテゴリ検索などさまざまな検索ができます
⑤マイオク	マイオクを表示します
⑥出品	ここから出品します
⑦その他	アカウントの管理や設定、ガイドなどを表示します
⑧画面の設定	トップ画面に表示する項目を設定します

Section 58 スマートフォンで入札しよう

キーワード検索
カテゴリ検索
入札

アプリをインストールしたら、早速、商品を検索してみましょう。アプリでも、キーワード検索や、カテゴリ検索を利用して目的の商品を検索することができます。目当ての商品が見つかったら、予算を設定して入札します。

1 商品を探す

Memo 条件を保存する

検索結果画面の検索ボックスには、入力したキーワードが表示されます。＜条件を保存する＞（iPhoneでは＜この検索条件を保存する＞）をタップすると、現在の検索条件が表示され、「検索」画面の「保存した検索条件」から選択できるようになります。

1 ＜検索＞をタップし、検索画面を開きます。

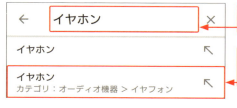

2 キーワードを入力し、

3 選択するカテゴリ内のキーワードをタップします。

4 キーワードに該当する商品が表示されます。

5 商品をタップすると、詳細が表示されます。

Hint 並べ替え

検索結果画面の＜おすすめ順＞（iPhoneでは＜並べ替え＞）をタップすると、目的に応じて商品の一覧を並べ替えることができます。

2 入札する

欲しい商品が見つかったら、タップして商品の詳細を確認します。商品の状態はもちろんのこと、送料や連絡の取り方、配送までの日数などの条件もしっかりと確認しておきましょう。条件があったら＜入札する＞をタップし、入札金額を入力します。なお、入札の際は、必ずガイドラインを確認しましょう。

Memo 商品説明

商品説明に＜続きを見る＞と表示されている場合は、タップして必ず確認しましょう。また、画面下部に配送条件が表示されています。送料などの条件が記載されているので、こちらも必ず確認しましょう。

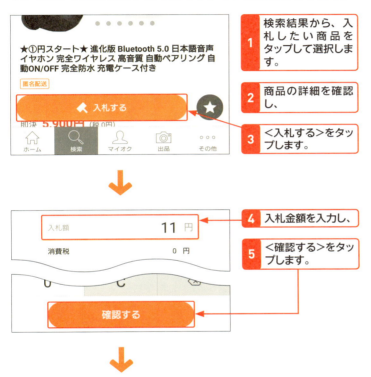

1 検索結果から、入札したい商品をタップして選択します。

2 商品の詳細を確認し、

3 ＜入札する＞をタップします。

4 入札金額を入力し、

5 ＜確認する＞をタップします。

6 内容を確認し、＜入札する＞をタップします。

Memo ガイドライン

ガイドラインは、状況に応じて改訂されます。入札する際は、必ず目を通すようにしましょう。

Section 59 落札できたら出品者と連絡を取り合おう

マイオク
取引ナビ
Yahoo!かんたん決済

商品を落札すると、落札を知らせるメールとともに、「マイオク」の「新着情報」に落札した商品が表示され、ここから取引が始まります。まずは、落札した商品をタップし、必要な情報を出品者に連絡します。

1 出品者と連絡を取る

Memo　メールから取引を進める

商品が落札できると、落札を知らせるメールが届きます。メールに表示されたボタンから取引を進めることもできます。

1 落札すると、「マイオク」と「新着情報」に通知が表示されます。

2 <新着情報>をタップします。

3 一覧から、取引情報連絡が表示されているオークションをタップします。

4 届け先、支払方法などの取引内容を指定します。

5 <取引内容を送信する>をタップします。

6 <送信する>をタップして、取引内容を送信します。

Hint　送料が落札者負担の場合

手順 3 でオークションをタップすると、「落札額＋送料」の支払い金額が表示されます。送料が落札者負担の場合は、落札前に商品ページの詳細をよく確認しておきましょう。

2 支払いをする

取引内容を送信すると、支払いができるようになります。連絡後に引き続き支払い手続きを行っても、**期限内**の別のタイミングで行っても構いません。

1 「新着情報」の一覧から、支払いが表示されているオークションをタップします。

2 「取引ナビ」が表示されます。

3 ＜Yahoo!かんたん決済で支払う＞をタップします。

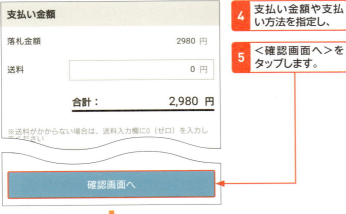

4 支払い金額や支払い方法を指定し、

5 ＜確認画面へ＞をタップします。

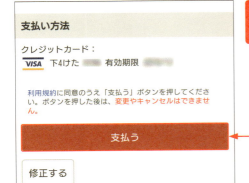

6 内容を確認し、＜支払う＞をタップします。

Key word ▶ 支払い期限

支払い期限は、落札日から7日以内です。支払い前の取引ナビには、期限が表示されます。なお、支払い期限までに支払いが完了できなかった場合は、Yahoo!かんたん決済での支払いはできなくなります。

Key word ▶ 支払いはYahoo!かんたん決済で

支払いは、Yahoo!かんたん決済を利用して行います。クレジットカード、コンビニ支払い、銀行振込などから支払い方法を選択することができます。

Section 60 似た商品がいくらで売れるか調べてみよう

類似商品
キーワード
落札相場

商品を出品するときは、適正な販売価格を知っておくことが大切です。パソコンと同じように、アプリからも、過去の類似する商品の落札価格をかんたんに調べることができます。出品前に調べるときは、キーワードから検索します。

1 類似商品を調べる

Keyword 落札相場

落札相場は、出品時に、商品情報入力画面の＜価格＞からも検索することができます。

1 「ホーム」画面を表示して、

2 検索ボックスをタップします。

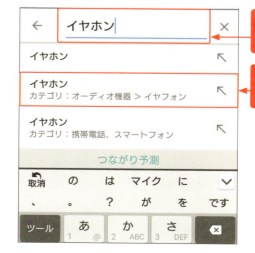

3 類似する商品のキーワードを入力し、

4 一覧から目的のキーワードをタップします。

Hint 検索一覧の内容を確認しよう

キーワードを入力して検索すると、類似する一覧が複数表示される場合があります。確実な相場を知るためにも、出品したい商品と同じカテゴリのキーワードを選択しましょう。

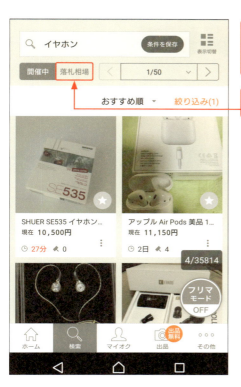

5 指定されたカテゴリ内のキーワードに該当する商品が表示されます。

6 <落札相場>をタップします。

Memo ▶ 表示切替

検索ボックス右側にある<表示切替>をタップすると、タイル表示、一覧表示を切り替えることができます。

7 指定されたカテゴリ内のキーワードに該当する、落札された商品の一覧が表示されます。

8 「終了時間近順」や「入札数の多い順」、「入札額の高い順」などの項目で並べ替えを行うことができます。

Hint ▶ 並べ替え

落札相場は、次の順で並べ替えることができます。
・終了時間が近い順
・終了時間が遠い順
・入札件数が少ない順
・入札件数が多い順
・落札価格が安い順
・落札価格が高い順
・開始価格が安い順
・開始価格が高い順

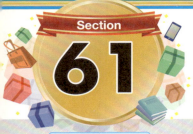

Section 61 商品写真を撮影してアップしよう

| 商品写真 |
| スマートフォン |
| 出品 |

ヤフオク！アプリを使うと、写真撮影から出品まで、スマートフォン1つで完結することができます。カメラも高性能になり、必要に応じて加工処理をすることも可能です。商品の様子が伝わりやすい写真を準備しましょう。

1 商品写真を撮影する

Hint カメラで撮影した写真でもOK

写真のアップはスマートフォン本体やSDカード以外からも可能です。カメラで撮影した写真をオンラインストレージなどにあげておき、アップすることもできます。

入札者は、写真を参考に商品を選ぶ、といっても過言ではありません。最近のスマートフォンに搭載されている＜カメラ＞アプリは、とても高機能で、デジタルカメラに負けないほどの写真を撮ることができます。また、写真加工アプリを使い、必要に応じて明るさや背景などを加工処理することで、商品を見やすくすることも可能です。ただし、商品をよく見せすぎるような加工はクレームの原因になりますので、避けましょう。

また、写真は1オークションあたり、10枚までアップ可能です。全体だけでなく、1部分をズームにしてみたり、中を見せてみたりするなど、できるだけ多くの情報を載せるとよいでしょう。とくに、傷や汚れなどのある箇所はわかりやすく撮影し、あらかじめ知らせておくようにしましょう。

太陽光などを利用して、できるだけ明るめに撮影しましょう。

Hint 商品に傷や汚れがある

商品に傷や汚れなどがある場合は、きちんと伝えておくことがクレーム回避につながります。単に写真を載せるだけでなく、傷や汚れの位置がわかるよう、写真に印などを入れておくとよいでしょう。

2 写真をアップする

1 ヤフオク!アプリを起動し、

2 ＜出品＞をタップします。

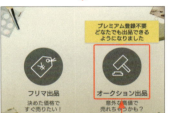

3 出品方法を選択します。ここでは、＜オークション出品＞をタップします。

4 オークション出品画面が表示されます。

5 ＜MAIN＞をタップします。

6 ＜アルバムから選択＞をタップします。

7 アップする写真をタップして選択し、＜決定＞をタップします。

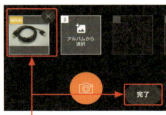

8 写真を確認し、＜完了＞（iPhoneでは＜決定＞）をタップします。

9 写真がアップされます。

Memo その場で撮影も可能

手順 **6** の画面で ◯ をタップすると、＜カメラ＞アプリが起動します。その場で商品を撮影し、アップすることもできます。

Hint アルバムから選択

手順 **6** の画面で＜アルバムから選択＞をタップすると、使用しているスマートフォンで写真を保存している場所が表示されます。写真を保存した場所から目的の写真を探します。

Section 62 商品の情報を入力しよう

出品
商品の情報
商品ページ

商品情報には、「商品名」や「カテゴリ」、「商品の状態」、「商品説明」などの入力項目があります。それぞれの項目をタップすると入力画面が表示されます。商品説明には、定型文も用意されているので活用しましょう。

1 商品の情報を入力する

Keyword ▶ 商品名

商品名は、65文字まで入力することができます。商品名を入力すると、手順6でそこから推察されるカテゴリが表示されます。できるだけ多くの情報を簡潔に入れ込むとわかりやすくなります。

1 「出品」画面を表示して、

2 ＜商品名＞をタップし、

3 商品名を入力します。

4 ＜カテゴリ＞をタップします。

5 ＜商品名から＞をタップすると、カテゴリの候補が一覧で表示されます。

6 設定するカテゴリをタップします。

第7章 スマホアプリでお手軽に入札・出品しよう

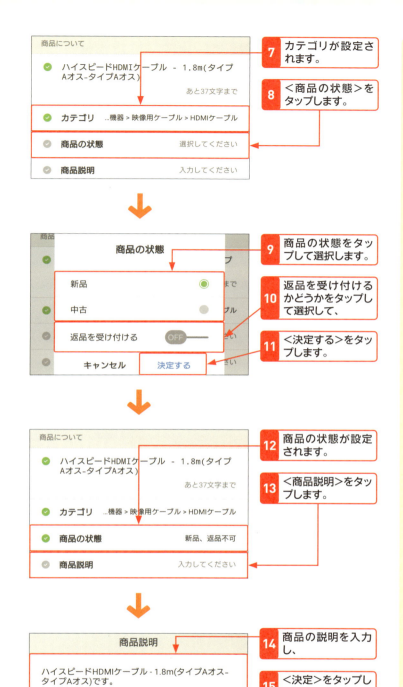

Hint 商品の状態

商品の状態では、新品か中古を選択します。そのほかに商品の状態について付け加える必要がある場合は、商品説明欄を活用しましょう。

Hint 定型文

商品説明は、1から自分で作成するものだけでなく、定型文を使って作成することもできます。カテゴリ共通で使える定型文や商品用の定型文などを活用すると、かんたんに作成できます。

Section 63 プレビューで商品ページを確認して出品しよう

出品
プレビュー
確定

商品を出品する前に、プレビューでどのように表示されるかを確認しましょう。表示がおかしい場合は、Sec.61〜62を参考に、商品情報を修正します。問題がなければ出品を確定しましょう。

1 プレビューを確認する

Memo 商品情報以外の情報

プレビューを表示するには、商品情報以外にも、「配送」、「期間」、「価格」、「出品者情報」の入力も必要になります。それぞれ、指示された項目に入力していくだけで完了します。

プレビューで全体を確認するときは、**商品情報以外の情報も入力しておく必要があります**。また、**Yahoo!かんたん決済の手続き**ができていない場合は、情報の入力を求められます。画面の指示どおりに従って、必要な項目を入力していくと、商品ページが作成されます。

1 Sec.62を参考に商品情報を入力したら、＜プレビューで確認する＞をタップします。

2 認証が必要な場合は、パスワードを入力します。

3 商品ページがプレビューで表示されます。

Memo プレビューの確認

はじめてプレビューで商品ページを確認するときは、モバイル確認が必要になります。再認証とともに、SMSに送られてくるパスワードを入力して確認します。

2 出品を確定する

プレビューで確認したら、いよいよ出品です。＜出品する＞をタップすると、即出品されるので注意しましょう。

1 P.158手順 1 の画面で、＜出品する＞をタップします。

2 出品されました。

3 実際の出品ページは左の画面のように表示されます。

 Memo 出品した商品をシェアする

「出品しました!」画面の＜出品した商品をシェアする＞をタップすると、商品情報をSNSに投稿することができます。

 Hint 出品した商品ページを確認する

出品した商品ページを確認したいときは、「マイオク」画面の＜出品中＞をタップし、確認したいオークションをタップします。

Section 64 パソコンから出品した商品を再出品しよう

再出品
商品情報
スマートフォン

ヤフオク!アプリからも再出品の手続きは行うことができます。次こそ入札してもらうためにも、同じ商品を再出品するときでも、商品情報がわかりにくくないか、写真は十分かを確認し、内容を再編集しましょう。

1 パソコンから出品した商品も再出品できる

Memo 同じIDでログインする

ブラウザからでもアプリからでも、同じIDでログインでログインしていれば、マイオク内の情報や最近チェックした商品などをいつでもどこでも共有することができます。

落札されずに終了したオークションは、かんたんな手順で再出品することができます。たとえば、以前パソコンから出品して落札されなかった商品を、再度スマートフォンから出品することも可能です。再出品のときには、パソコンからでも、スマートフォンからでも、商品情報の表現や内容を変更したり、写真を追加したりなどの編集を行うことができます。

さらに、過去に落札されたオークションの出品内容を再利用して、新たにほかの商品を出品することも可能です（左のHint参照）。かんたんに出品できるとはいえ、商品情報を入力するのは面倒な作業の1つです。これまで出品時に作成した情報を再利用して、効率的に出品しましょう。

Hint 落札されたオークションを再利用する

落札されたオークションを利用して出品するときは、＜出品＞→＜履歴＞→＜落札者あり＞の順にタップし、再利用するオークションをタップして、変更したい項目をタップして変更します。必要な項目を変更したら、＜出品する＞をタップします。商品名など、異なる部分の変更を忘れずに行いましょう。

各項目をタップすると、内容を変更したり、写真を追加して再出品することもできます。

2 商品を再出品する

以前出品したオークションは履歴として保存されています。同じIDでログインしていれば、パソコンからもスマートフォンからも履歴が共有でき、かんたんに再出品できます。

1 ホーム画面の＜出品＞をタップします。

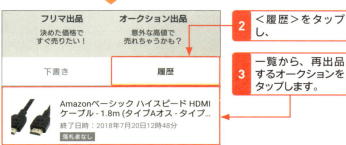

2 ＜履歴＞をタップし、

3 一覧から、再出品するオークションをタップします。

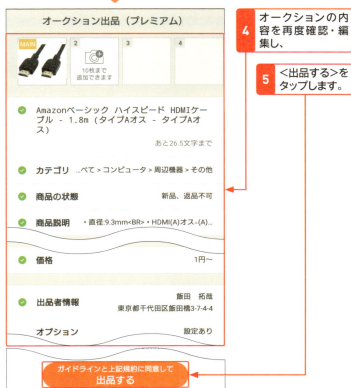

4 オークションの内容を再度確認・編集し、

5 ＜出品する＞をタップします。

Memo 履歴の一覧

落札者のいなかったオークションには、＜落札者なし＞と表示されます。入札者もいなかった場合は、オークションIDや商品ページのURLは、前と同じものが使われます。

Hint プレビューで確認する

新たに商品情報を書き換えたり、写真を追加したりした場合は、出品前に間違いがないかプレビューで確認しておくとよいでしょう。

Section 65 落札されたら落札者と連絡を取り合おう

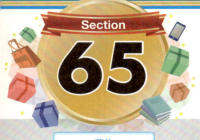

落札
取引ナビ
商品発送

オークションが終了し、商品が落札されたら、落札者と連絡を取り合います。まずは、落札のお礼のメッセージなどを送るとよいでしょう。落札者から取引に必要な情報が送られ、支払いが完了したら商品を発送します。

1 落札者と連絡を取る

Hint 落札者との連絡

基本的には、落札者から「落札通知」→「情報の送信」→「支払い完了」の連絡があったら、商品の発送手続きをします。その間のメッセージのやりとりは、「取引ナビ」の「メッセージ」から送ることができます。

商品が落札されると、設定した方法で通知が届きます。通知が届いたら、「取引ナビ」を表示して取引を開始します。取引ナビは、「マイオク」の＜出品終了分＞をタップし、落札されたオークションを選択します。

1 落札されると、設定した方法で通知が届きます。

2 「マイオク」画面から最新情報を表示し、

3 「やることリスト」に「発送」が表示されているオークションをタップします。

4 ＜取引＞をタップし、配送手続きを確認します。

Hint 取引ナビ

落札者との連絡は、「取引ナビ」を利用します。「取引」では、現在の状況がわかり、「メッセージ」では、メッセージの送受信ができ、「情報」では、取引の流れと日時が確認できます。

2 商品を発送する

　落札者からの入金内容が確認できたら、設定した日数以内に商品を発送します。商品の発送が完了したら、取引ナビから、「商品発送」の連絡をします。落札者から「受取連絡」があった時点で、取引が完了します。なお、実際に出品者に代金が支払われるのは、商品発送後、「受取連絡」を受け取ってからになります。

> **Memo　入金の確認**
> 落札者から入金されたかどうかは、通知とともに、「マイオク」画面の「明細／売上金」から確認することができます。

---

❶入金を確認する
落札者からの「支払い完了」の通知を受け取ったら、入金内容を確認します。

❷梱包する
出品時の状態と商品の状態が変わることのないよう、丁寧に梱包します。

❸発送する
出品時に設定した「配送方法」で、設定した日数以内に発送します。

❹商品の発送を連絡する
「取引ナビ」から、商品の発送が完了した旨を連絡します。出品者はその後、「受取連絡」が来るのを待ちます。

❺落札者を評価する
落札者から受取連絡が届いたら、取引終了です。「取引ナビ」から、落札者を評価しましょう。

発送が完了したら、「商品の発送」の連絡をしましょう。

> **Hint　QRコードで発送する**
> 取引ナビの下部には、発送方法とともに、必要な「QRコード」が表示されます。「QRコード」は、発送する店舗で表示することで、住所などの記載を省くことができます。

Section 66 スマホアプリから一括再出品を行おう

一括再出品
落札者なし
Yahoo!プレミアム会員

落札者なしで終了してしまったオークションが複数ある場合は、それらを一括し、1タップで複数のオークションを再出品することができます。パソコンからでは再出品は1点ずつしか行えないので、複数の商品を再出品するにはアプリが便利です。

1 一括再出品とは

Memo パソコンから出品したオークション

パソコンから出品したオークションとアプリから出品したオークションをまとめて一括出品することもできます。

落札者なしで終了してしまったオークションをかんたんに再出品する方法の1つに「一括再出品」があります。一括再出品は、落札者なしで終了したオークションをまとめて再出品ができる機能です。ヤフオク!アプリで、Yahoo!プレミアムに登録されている状態で出品されたオークションのみ利用することができます。なお、一括再出品は、オークション出品のみで利用できる機能で、フリマ出品では利用できません。

一括再出品をするときは、「マイオク」画面の＜出品終了分＞→＜落札者なし＞の順にタップします。

一度に複数のオークションを再出品できるので、とても便利です。

Hint Yahoo!プレミアムに登録したのに一括再出品できない

一括再出品ができるのは、Yahoo!プレミアム会員登録をした状態で出品されたオークションに限ります。出品後に会員登録しても、登録以前のオークションは対象にはならないので注意しましょう。

2 一括再出品する

　一括再出品では、「出品終了分」の「落札者なし」の一覧に表示されているオークションのなかから、**どのオークションを再出品するかを選択する**ことができます。

Key word 一括再出品

一括再出品は、落札者なしのオークションでのみ利用できる機能です。

1 「マイオク」画面を表示して、
2 ＜出品終了分＞をタップします。

3 ＜落札なし＞をタップし、
4 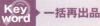をタップします。
5 一括再出品画面が開きます。

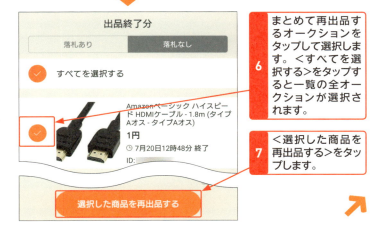

6 まとめて再出品するオークションをタップして選択します。＜すべてを選択する＞をタップすると一覧の全オークションが選択されます。
7 ＜選択した商品を再出品する＞をタップします。

Hint 再出品するオークションを選択する

すべてではなく、再出品するオークションを選んで一括出品したいときは、選択するオークションをそれぞれタップしていきます。

商品情報の変更

終了日、終了時間、自動再出品の設定を変更することもできます。一括再出品のため、すべてのオークションの終了時間、自動再出品の回数は同じになります。

8	「商品情報入力」画面が開きます。
9	価格を変更するかをタップして選択します。
10	＜確認画面に進む＞をタップします。

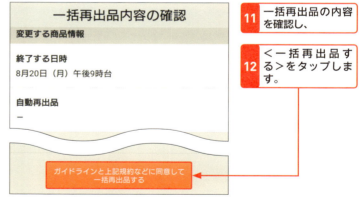

| 11 | 一括再出品の内容を確認し、 |
| 12 | ＜一括再出品する＞をタップします。 |

**価格の変更**

手順で＜開始価格を一律で変更する＞を選択すると、すべてのオークションの開始価格を同じ金額に変更することができます。＜開始価格を一律で値引きする＞を選択すると、すべてのオークションの現在設定されている開始価格から一定額値引きして再出品することができます。

| 13 | 一括再出品が完了しました。 |

第 8 章

ヤフオク!トラブル・困った! 解決技

Section 67	ヤフオク！で起きやすいトラブル
Section 68	落札したのに取り引きを中止された！
Section 69	落札者から連絡がない！
Section 70	落札をキャンセルしたいと言われた！
Section 71	取り引き中の相手のIDが停止されてしまった！
Section 72	出品中の商品について不審なメールが届いた！
Section 73	落札した商品が届かない！
Section 74	不良品が送られてきた！
Section 75	届いた商品が破損していた！
Section 76	届いた商品が思っていたものと違う！
Section 77	偽造品が送られてきた！
Section 78	送ったはずの商品が届いていない！
Section 79	送った商品にクレームを付けられた！
Section 80	そのほかのさまざまなトラブル
COLUMN	トラブルの相談と報告

Section 67 ヤフオク!で起きやすいトラブル

誹謗中傷
注意事項
IDの盗難・売買

ヤフオク!には、安全に取り引きするためのシステムが用意されているとはいえ、悪質なユーザーと取り引きをして、トラブルに巻き込まれてしまうこともあります。あらかじめトラブルの傾向や予防策を知っておきましょう。

1 トラブルには冷静な対応を

Memo Yahoo!JAPAN IDの盗難や売買に注意

「取り引きのため、あなたのIDとパスワードを教えてください」と言われたり、「IDとパスワードを売ってほしい」と言われても応じてはいけません。犯罪に利用されて、大きなトラブルに巻き込まれる恐れがあります。

世の中には何かにつけて難癖をつけてくる人がいるもので、こちらが誠意を持って取り引きをしても、一方的に悪意のある対応をされることがあります。悪質なものでは、結婚式や七五三で子どもが着る服を落札し、一回着て必要がなくなったら「汚れがあった」などとクレームを付けて返金を要求し、応じないと悪口を書き込んで「非常に悪い」という評価を付けてくる、というような例があります。

また、落札者側のトラブルとしては、壊れた商品を送ってきたにもかかわらず、「ノークレーム、ノーリターンと書いたので、クレームは受け付けません」などと出品者が言ってくる場合もあります。

自分にまったく非がないのであれば、ヤフオク!に報告すると、「トラブル口座リスト」（https://auctions.yahoo.co.jp/info/f/trouble/）に載せてもらえる場合もあります。

感情的になって何度もやり合うのは、第三者から見ても印象がよくありません。冷静に対処し、あまりに悪質であれば、ヤフオク!へ申告することも考えましょう。ヤフオク!への申告方法については、P.182で詳しく解説します。

ヤフオク!の注意事項の例

◎商品説明が少ないのに「ノークレーム・ノーリターン」と書いてある（商品に不具合や大きな傷がある）。
◎商品画像がない（商品が手元にないのに出品している可能性がある）。
◎極端に安いブランド品を出品している（偽物である可能性が高い）。
◎「信頼してほしい」と過度に主張している（評価が低いのをカバーしようとしている）。
◎評価は高いが、内容が怪しい（自作自演で評価を高めている可能性がある）。

Hint 「非常に悪い」の評価後、IDを削除

誹謗中傷して「非常に悪い」の評価を付けてから、IDを削除してしまう相手もいます。その場合はブラックリスト登録申請もできないので、「お問い合わせフォーム」（P.182参照）から評価の削除を依頼しましょう。

Section 68 落札したのに取り引きを中止された!

取り引き中止
取り引きを削除
出品者都合

ヤフオク!では、落札後の取り引きキャンセルは禁止されています。しかし、やむを得ない事情により出品者から取り引き中止の連絡を受けることもあります。その場合は「出品者都合」での中止にしてもらいましょう。

1 理由を確かめて対処する

　商品を落札したあと、出品者から「取り引きを中止したい」という連絡を受けることがあります。この場合は、まず、理由をきちんと確かめることが重要です。「出品した商品が破損した」とか「まだ在庫があると思っていたが、もうなかった」などという理由で取り引き中止になることは、しかたがないケースと言えます。しかし、自分が思ったよりもずっと安い金額で落札して喜んでいるときは、「出品者は落札金額に不満があって、取り引き中止にしたがっているのではないか」と思える場合もあるでしょう。

　それでも、取り引き中止の申し出があった場合、対応は冷静に行いましょう。落札後のキャンセルは禁止というのがヤフオク!でのルールですが、本当に商品が破損して出品者が取り引き中止を提示したのに、うっかり「非常に悪い」の評価を付けて、「出品者は、きっと安く落札されて面白くなかったから取り引き中止にしたのでしょう」などと書くと、出品者を怒らせて、報復として自分にも「非常に悪い」の評価を付けられてしまう恐れがあります。そのため、評価は付けずにおくことが無難でしょう。評価を付けるなら「どちらでもない」を選び、コメントを書く場合は、感情的に書くのではなく、淡々と事実だけを記すようにしましょう。

 Hint 出品者からの取り引き中止は「出品者都合」で

出品者の意向によって取り引きが中止になった場合は、必ず「出品者都合」で取り引きを削除してもらうようにしましょう。

 Memo 商品の出品者がIDごと消えた場合

取り引き中止の連絡のあと、出品者がIDを削除してしまった場合は、詐欺の可能性もあります。このようなときは、ヤフオク!に報告しておきましょう（P.182参照）。

Section 69 落札者から連絡がない！

連絡なし
イタズラ落札
取り引きを削除

自分が出品者側の場合、落札者へ連絡しても返事が来ないという状況はとても不安です。落札者に不測の事態があった可能性も考えられますが、できる限り連絡を取るように努力しましょう。

1 時間をおいて何度か連絡する

商品が落札されたのに落札者から取り引きに必要な連絡がない場合、もっとも考えられる可能性は、**出品者からの連絡を待っているケース**です。落札後は出品者から落札者に連絡するのか、落札者から連絡するのか、とくに決まりはありません。しかし、一般的に考えれば、商品を買ってもらった出品者から落札者へ感謝の言葉とともに、**取り引き方法などについて連絡する**のが妥当です。そのため、自分が出品者側の場合は早急に落札者に連絡しましょう。

ただし、こちらから連絡したにもかかわらず、いつまでも落札者から連絡がない場合もあります。何日も音沙汰がないと不安になりますが、落札者に急な出張や法事、病気や事故、パソコンのトラブルなど、不測の事態が起きて連絡できなくなっていることもあり得ます。そのため、**悪意ある行動と決めつけないようにして**、数日後に再度取引ナビを通して連絡し、さらに連絡掲示板（左のMemo参照）を使って連絡を取るよう試みましょう。

手段を尽くしても落札者から連絡がない場合は、「**落札者都合**」で取り引きを削除しましょう。この場合、評価のコメント欄に経緯を記しておきましょう。

Memo 「連絡掲示板」を利用する

「連絡掲示板」とは、取引ナビと同様に、オークション終了後に、出品者と落札者の間で連絡を取ることができるツールです。取引ナビと異なるのは、投稿内容がほかのユーザーに公開できる点です。落札者から連絡がない場合などに、経緯を記述しておくことで、ほかのユーザーに自分に非がないことをアピールでき、落札者にとってはプレッシャーとなります。連絡掲示板は、落札したオークションの商品詳細ページの＜連絡掲示板＞をクリックして利用します。

Hint 連絡なしで待つ期間の目安は？

落札者に連絡しても返事がない場合、考えられるのは、イタズラ落札か、落札後に気が変わって無視をしているか、落札者に事故や急病などのトラブルが発生しているなどの理由です。待つ期間は人によってさまざまですが、せいぜい数日、長くても1週間程度というのが一般的でしょう。

何度こちらから連絡しても、落札者からの連絡がないぞ。

Section 70 落札をキャンセルしたいと言われた！

キャンセル
キャンセルを受ける
落札者都合のキャンセル

商品の落札後に、落札者から一方的にキャンセルされるといったトラブルが発生しています。落札後のキャンセルはヤフオク！では禁止行為となっていますが、状況に応じて処理しましょう。

1 「落札者都合」でキャンセルする

　落札した商品をキャンセルすることは、ヤフオク！では禁止行為の1つです。出品者としては、出品手数料も引かれますから、落札者にはきちんと買い取ってもらえるように説得しましょう。

　ただし、理由を聞いてキャンセルを受けるか受けないかを決めるのは、出品者の自由です。「しかたがない」という場合は、受け入れてもよいでしょう。連絡をしても返事をもらえない場合は、「落札者都合のキャンセル」で処理するしかありません。その場合、落札者には「非常に悪い」という評価が自動的に付きますから、「それでもよいですか」と聞いてみるのも1つの手です。悪い評価が付くのを嫌がって、入金してくれる場合もあります。何も音沙汰がなければ、「落札者都合のキャンセル」で取り引きを終了にするしかありません。

　そのほかに、「不良品なので返金してほしい」と言われる場合もあります。本当に不良品である可能性がありますので、まずは誠意を持って対応することが大切です。ただし、商品が返送されてこなかったり、商品やパーツの一部を抜き取られたりすることもあります。基本的には着払いで返品してもらい、商品を確認後、返金するようにしましょう。

> **Memo 入札後のキャンセルも禁止**
> そもそも、ヤフオク！では入札後のキャンセルが禁止されています。ただし、誠意を持って取り消しをお願いされた場合は、応じることも考えましょう。

> **Memo 物々交換を提案されたら**
> 落札者から、お金を払うかわりに物々交換を提案される場合があります。しかし、落札した商品の代金を払って商品を受け取るのは、ヤフオク！の基本的なルールですから、トラブルにならないよう断りましょう。

落札してから、キャンセルしたいとはひどいな！

先日、私があなたから落札した商品の件です。
申しわけありませんが、キャンセルいたします。

Section 71 取り引き中の相手のIDが停止されてしまった!

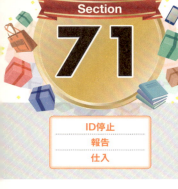

| ID停止 |
| 報告 |
| 仕入 |

利用規約やガイドラインへの違反が疑われると、Yahoo!JAPAN IDの利用が停止される場合があります。取り引き相手のIDが停止され、連絡が取れなくなった場合はヤフオク!に報告し、取り引き相手の状態を確認しましょう。

1 すぐに相手とヤフオク!に連絡する

 商品到着後に出品者のIDが利用停止になった

商品到着後に出品者のIDが停止になった場合、そのままにしておくと自然に取り引きが完了します。取り引き自体を継続するかどうかは、落札者の判断となります。

取り引き相手のIDが利用停止になったことにより連絡が取れなくなった場合は、まず、P.182を参考にヤフオク!に報告し、取り引き相手の状態を確認しましょう。以降の対応は、あなたが落札者か出品者かによって、以下のようになります。

自分が「落札者」の場合

ヤフオク!に報告したあとは、取り引き状況や取り引き相手の状態を確認し、支払い手続きをキャンセルするなどの適切な対応を行います（報告前にキャンセルされる場合もあります）。

なお、ヤフオク!への報告は、商品代金を支払ってから12日以内に行いましょう。12日を過ぎると、入金処理が行われ、ID利用停止の報告もできなくなります。

自分が「出品者」の場合

「受け取り連絡待ち」（発送後）のタイミングで落札者のIDが利用停止になった場合、以降の取り引きについては出品者の判断となります。荷物が届いていているのに相手が「受け取り連絡」ができない場合でも、支払いから14日を過ぎると、出品者は商品代金を受け取れるようになるので、自然に取り引きは終了します。

 落札者のIDが支払い手続き前に利用停止になった

「落札者のIDが支払い手続き前に利用停止になったため、取り引きを中止したい」という場合は、落札者を削除します。そのままにしておくと、落札システム利用料がかかります。

相手のIDが停止された！
連絡が取れないぞ。

Section 72 出品中の商品について不審なメールが届いた！

迷惑メール / 受信拒否 / ブラックリスト

個別取り引きを要求するメッセージや、個人情報などが記載されているメッセージなどには返信せず、すみやかに「ブラックリスト」に登録しましょう。ブラックリストに登録すると、そのYahoo!JAPAN IDからの入札、質問、値下げ交渉を拒否することができます。

1 迷惑メールを受信拒否する

ヤフオク！への出品後、不審なメールが届いたという事例があります。たとえば、本来入札すれば済むところを、高い金額での購入をちらつかせ、メールアドレスなどの個人情報を公開し、個別での取り引きを要求してきます。

ヤフオク！では、質問欄からの直接取り引きは禁止になっているため、この時点でやり取りを控えるべきです。実際、このようなメールは、入金せずに商品だけを搾取することを目的とした詐欺である場合がほとんどなので、要注意です。詐欺メールや迷惑メールは、無視をするか、ブラックリストに登録をして受信拒否しましょう。

Memo 出品者への質問

商品ページの「出品者情報」の＜出品者への質問＞をクリックすると、出品者に直接商品について問い合わせをすることができます。

1. ログインし、＜マイ・オークション＞をクリックし、「オプション／設定」の＜その他の設定＞（または、画面右上の＜オプション＞）をクリックします。

2. 「各種設定」の＜ブラックリスト＞をクリックし、やり取りしたくない相手のYahoo!JAPAN IDを入力し、＜ブラックリストに登録＞をクリックします。

Key word ブラックリスト

ブラックリストにYahoo!JAPAN IDを登録すると、そのYahoo!JAPAN IDからの入札、質問、値下げ交渉を拒否することができます。なお、ブラックリストに登録されたことは、相手にはわかりません。

Section 73 落札した商品が届かない！

オークション詐欺
未発送
追跡番号

落札したはずの商品が届かない場合、郵送中の事故の場合もありますが、悪質な出品者の場合、落札後に商品を仕入れたり、そもそも商品を発送する気がなかったりすることもあります。落札前に、出品者を十分チェックしましょう。

1 事前に出品者についてよく確かめる

Memo 自転車操業の出品者の見分けかた

商品の販売ページに「10日ほどかかります」や「2週間ほどかかります」などと記されている場合は気を付けましょう。手元に商品がないのに出品し、入金してもらったお金で商品を仕入れて送る、自転車操業者の可能性が高いでしょう。

Memo 未着・未入金トラブルお見舞い制度

Yahoo!JAPANには、「未着・未入金トラブルお見舞い制度」があり、ヤフオク！やYahoo!ショッピングにおいて、未着・未入金のトラブルが起こり、申請を行い審査に通過したユーザーを対象に、Yahoo!JAPANが支払い・落札金額をTポイントで付与してくれます。詳細は、未着・未入金トラブルお見舞い制度のトップページ（https://guide-ec.yahoo.co.jp/notice/omimai/）を参照してください。

Memo 問題業者とのやり取りの手段

出品者と落札者の連絡には、通常は取引ナビを使います。規定の回数を超えた場合は、連絡掲示板（P.170Memo参照）を使います。連絡掲示板では投稿内容が公開されます。それでも連絡が付かないときは、評価のコメント欄にこれまでの経緯を書き込み、ヤフオク!に問題業者として報告しましょう。

発送連絡があったのに商品が届かないときは、出品者に連絡して発送状況を確認します。宅配便やレターパックのように追跡番号がある場合は教えてもらい、各宅配便業者に問い合わせます。

商品を未発送の場合はその理由を聞きます。もしも送り忘れであれば、すぐに発送してもらいましょう。

また、中には、商品が手元にないのに、出品しているユーザーもいます。代金が支払われてから商品を仕入れて発送する、自転車操業の出品者です。手元にない商品を出品することは、ヤフオク！では違反行為に該当するので気を付けましょう。

さらに悪質な場合、代金を受け取ったあと、こちらからの連絡をまったく無視する出品者もいます。この場合は確信犯の確率が高いでしょう。こういった、悪質なトラブルに巻き込まれないようにするためには、あらかじめ、出品者の評価や商品画像、説明文をしっかりとチェックして、不審な点がないかどうか確かめることが重要です。

ヤフオク！落札の7つのポイント

1. 出品の説明をよく読んだか？
2. 出品者の評価を確認したか？
3. 落札後に出品者が誰であるかを確認したか？
4. 相手の名前をYahoo!JAPANの検索を使って調べてみたか？
5. 振込先がトラブル口座リストに掲載されていないか？
6. 振込先の名称を確認したか？
7. ほかの落札者から評価が付いているかを確認したか？

ヤフオク！では、この7点を確認するように、推奨しています。

Section 74 不良品が送られてきた!

不良品
品物違い
内容証明郵便

不良品や注文したものと違う品物が届いた場合は、落ち着いてすぐに対応しましょう。ミスや手違いであれば、早急に対応してもらえるはずです。ただし、悪質な出品者や詐欺の場合もあるので、入札の際には注意が必要です。

1 詳細を伝えて対応してもらう

　不良品や注文したものと違う品物が届いた場合は、至急、取引ナビを使って連絡します。すぐに出品者から謝罪の返事がきた場合は、単なるミスや手違いですから、早急に対応してもらえば解決します。着払いで商品を送り返し、送料を出品者持ちで再送、返金などの対応をしてもらいましょう。

　問題は、出品者が交換や返品、返金に応じない場合です。何度連絡しても返事がなく、やっと返事があっても、交換にも返金にも応じないことがしばしばあります。このような場合は、出品者の住所・氏名がわかっていれば、内容証明郵便を送るのも1つの手段です。ただし、詐欺に慣れた出品者の場合、巧妙に本名や住所を隠していたり、逆に本名や住所を明らかにしていても、「この程度の少額の商品で訴えるなんて、あり得ない」と強気に出てきたりすることもあります。入札前に、出品者情報をしっかり確認しておきましょう。

　また、代行出品で、出品者とは別の住所の別の人物から品物が届く場合は、落札したものとは異なる品物が届く可能性があります。この場合も、出品者にきちんと話を伝えて、落札した品物を送ってもらうことが大切です。

> **Memo 内容証明郵便とは?**
> 内容証明郵便とは、誰から誰に、いつ、どのような内容を送ったかを、郵便局が証明してくれる郵便です。

詐欺にあった場合の基本的な対処法が記されています。

http://www.yahoo-help.jp/app/answers/detail/p/353/a_id/40752

ヤフオク!ヘルプ「詐欺にあった可能性がある」
詐欺にあった場合の基本的な対処法が記されています。

> **Memo 裁判が成り立つのは、高額商品のみ**
> 弁護士に相談すると、1時間あたり5,000円～1万円くらいかかるのが普通です。実際に裁判になると、さらに費用がかかります。裁判まで発展することを考えると、相当の高額商品のトラブルでなければ割に合いません。

Section 75 届いた商品が破損していた!

破損
お買いものあんしん補償
審査

ヤフオク!で落札した商品が破損した状態で届いた場合は、落札金額、または修理費用の80%が補償されます。補償を受けるには、必要な書類を準備し、「お買いものあんしん補償」トップページから申請します。

1 お買いものあんしん補償を検討する

Keyword ▶ お買いものあんしん補償

お買いものあんしん補償は、会員限定の補償制度です。ヤフオク!だけでなく、Yahoo!ショッピングやYahoo!トラベルで購入した商品も補償の対象です。

　ヤフオク!では、さまざまなトラブルに対する補償制度が整っています。輸送中、何らかの理由で落札した商品が破損してしまった場合、落札価格または修理費用の80%を補償してくれる「お買いものあんしん補償」を利用できます。また、お買いものあんしん補償では、落札した商品が届いてから120日以内に思いがけない事故によって破損してしまった場合においても、落札価格または修理費用の80%が補償されます（対象外商品あり）。必要書類を揃えたうえに、さらに審査が必要になりますが、検討してみるとよいでしょう。

お買いものあんしん補償（https://hosho.yahoo.co.jp/okaimono/）から申請できます。

Memo ▶ 「お買いものあんしん補償」

お買いものあんしん補償では、破損だけでなく、盗難やネット売買でのトラブル、個人情報漏えいなど全10種類のトラブルが補償されます。

第8章 ヤフオク!トラブル・困った!解決技

Section 76 届いた商品が思っていたものと違う!

| 商品満足サポート |
| Tポイント |
| 審査 |

「商品満足サポート」は、受け取った商品に満足できなかった場合に、お見舞いとして商品代金分のTポイントが付与される制度です。「商品満足サポート」トップページから申請できます。

1 商品満足サポートを利用する

商品に傷が付いていた、サイズが合わなかった、思っていたものと違う商品が届いたなど、受け取った商品に満足できなかったにもかかわらず、出品者の対応が悪く満足のいく対応が得られなかった場合は、泣き寝入りせず、「商品満足サポート」を検討してみましょう。お見舞いとして、商品代金分（1万円まで）のTポイントが付与されます。

ただし、申請には、落札後30日以内の商品であること、匿名配送で取り引きされたものであること、Yahoo!かんたん決済で代金を支払いしていること、出品者が返金に応じないことなど、いくつかの条件を満たしている必要があります。

商品満足サポート（https://guide-ec.yahoo.co.jp/notice/rules/itemsupport/）から申請できます。

> **Hint 落札は慎重に**
>
> 商品満足サポートは、1年間に一度しか適用されません。また、審査もあり、決して気軽に利用できる制度ではありません。落札の際は、商品情報を十分に確認してから取り引きしましょう。

> **Memo 出品者に知られたくない**
>
> 商品満足サポートを利用したかどうかが出品者に通知されることはありません。

第8章 ヤフオク！トラブル・困った！解決技

トラブル解決

Section 77 偽造品が送られてきた!

偽造品
偽造品トラブル安心サポート
ヤフオク!ストア

「偽造品トラブル安心サポート」は、ヤフオク!で落札したブランド品が偽物だった場合、お見舞いとして落札価格のTポイントが付与される制度です。ヤフオク!ストアで落札した対象ブランドの新品商品が補償されます。

1 偽造品トラブル安心サポートを利用する

Keyword 偽造品トラブル安心サポート

偽造品トラブル安心サポートは、ヤフオク!ストアで落札した対象ブランドの新品商品が偽物だった場合に補償される制度です。偽造品販売は犯罪です。そのため、申請内容が捜査機関などにも提供される場合があります。

本物だと思って落札したブランド品が偽物だったというときは、「偽造品トラブル安心サポート」のWebサイトを確認してみましょう。対象のブランドの新品の商品であれば、補償の対象となり、お見舞いとして、落札額分（10万円まで）のTポイントが付与されます。なお、審査完了までには、約1〜3カ月以上かかります。ただし、「○○風」など、ブランドの真正品でないことが商品説明内に記載されている商品の場合は、対象にならないので注意が必要です。落札時は、商品説明をよく読み、出品者に質問するなどの自己防衛をあらかじめ心がけましょう。なお、申請を行うと出品者のヤフオク！ストアにも通知されます。

偽造品トラブル安心サポートトップページ（https://guide-ec.yahoo.co.jp/notice/rules/brand/）の下部＜規定を確認する＞をクリックすると申請できます。

 Memo 「偽造品トラブル安心サポート」で対象となる商品

偽造品トラブル安心サポートでは、補償対象が細かく明記されています。偽物と気付いた場合は、Webサイトで対象ブランドの対象商品かどうかしっかり確認してみましょう。

第8章 ヤフオク!トラブル・困った!解決技

Section 78 送ったはずの商品が届いていない！

|配送事故|
|配送業者|
|伝票・伝票番号|

送ったはずなのに「商品がまだ届いていない」という連絡を受けたら、まずは、配送業者に不達の旨を伝え、配送事故が発生していないか確認をします。また、落札者にもその状況を連絡し、そのあとの対応について相談しましょう。

1 まず配送業者に確認する

「送ったはずの商品がまだ届いていない」という連絡を受けたときは、至急、利用した配送業者に確認を取りましょう。その際、配送伝票や伝票番号が必要になります。配送伝票や伝票番号は、取り引きが完了するまで必ず手元に残しておきましょう。

また、落札者にも配送業者の見解と状況を連絡し、返金などの対応も含めて今後の取り引きについて相談しましょう。配送事故の場合はこちらにも被害がありますが、とにかく、誠意ある態度で落札者に対応することが重要です。

このような場合、一般的には、配送業者から補償を受けることができますが、ヤフオク！独自の配送プランを利用した場合は、お問い合わせフォームから問い合わせてみましょう。

 Hint ゆうパック・ゆうパケット（おてがる版）での配送事故

ゆうパケット（おてがる版）は、補償の対象外です。また、ゆうパック（おてがる版）も、事故の内容により、補償の対象外となる場合があります。

配送事故については、お問い合わせフォーム（https://www.yahoo-help.jp/app/ask/p/2443/form/auction-feedback2-inquiry）（P.182参照）から問い合わせることができます。

Memo 返金手続き

「発送連絡」後に返金が必要になった場合は、「マイ・オークション」からの返金手続きはできません。返金方法については、取引ナビのメッセージなどで落札者と直接相談する必要があります。

Section 79 送った商品にクレームを付けられた！

クレーム
Yahoo!知恵袋
弁護士

もしも、商品に対してクレームの一報が入った場合は、とにかく、誠意を持って対応することが大切です。ヤフオク!が出品者と落札者間の取り引きにおいて仲裁に入ることはないため、当事者間で解決する必要があります。

1 クレーム内容を確認して誠実に対応する

Memo　連絡掲示板を利用する

オークション終了後、取引ナビで連絡が取れないときは、連絡掲示板を利用します。連絡掲示板は、取引ナビに代わる出品者と落札者の連絡手段で、投稿内容が公開されます。

　送った商品に対して、落札者からクレームがあった場合は、まずは、クレームの内容を十分に確認し、誠意を持って対応しましょう。取引ナビのメッセージでのやり取りだけでなく、必要に応じて電話で直接話をするなど、解決に向けて前向きに動くことが重要です。ヤフオク！やYahoo!JAPANは、出品者と落札者間の取り引きにおいて仲裁に入ったり、関与したりすることはありません。できる限りの対応、解決策を提示しても納得してもらえないような場合は、「Yahoo!知恵袋」（P.182参照）や弁護士などの専門家に相談するなど、第三者に意見を求めてみましょう。

Yahoo!知恵袋（https://chiebukuro.yahoo.co.jp/dir/list/d2078297287）ではヤフオク!に関する過去の相談内容を調べることができます。

Key word　弁護士に相談する

インターネットでは、オークションでのクレームに関する事例を調べることができます。ヤフオク!では、弁護士の紹介はしません。自宅から最寄りの弁護士会か、同じようなトラブルの対応経験のある弁護士にあたってみましょう。

Section 80 そのほかのさまざまなトラブル

悪い評価
ガイドライン違反
ID剥奪処分

これまでに紹介した例のほかにも、ヤフオク!の取り引きではさまざまなトラブルが起きています。ここでは、その一部を紹介するので、なるべくトラブルを回避できるように気を付けましょう。

1 トラブルの傾向を知って回避する

商品の金額を値切られた

落札者から、落札後に値下げを要求されることがありますが、落札した金額は守らなければなりません。中には断ってもしつこく食い下がってくる人もいます。あまりしつこい場合は「落札者都合」で取り消すことも視野に入れましょう。この場合、落札者に「非常に悪い」の評価が自動的に付くので、そのことを伝えると折れてくれる場合もあります。

個人情報を公開された

ヤフオク!の評価やコメントを利用した嫌がらせの1つに、氏名や住所などの個人情報を記入されてしまうことがあります。このような場合は、ただちにヤフオク!に連絡すれば削除してくれます。

身元や連絡先を教えない

出品者が商品代引きや手渡しを拒んだり、連絡先を教えてくれない場合、手元にない商品を出品している可能性があります。不審に思う場合、連絡先の電話番号に実際に電話をして本当に通じる電話かどうか確認することも大切です。質問に誠意をもって回答する様子のない出品者との取り引きは、トラブルに発展する恐れがあります。

開催日が迫ったコンサートのチケット

開催日が迫ったチケットの場合、期日までに到着しないことがありますので、入札・落札をしないほうが賢明です。
席の場所が曖昧な場合や、期限が迫っていることなどを理由に入金を急がされる場合は、詐欺の可能性もあります。

> **Memo** 「新規」ユーザーの大量出品は要注意
>
> 評価のない新規ユーザーが、高価な商品を大量に出品しているオークションは、十分に注意が必要です。詐欺の可能性もあるので、落札を見合わせたほうが賢明です。

> **Memo** 個人情報公開はガイドライン違反
>
> 取り引き相手の個人情報を公開したユーザーは、重大なガイドライン違反と見なされて、「トラブル口座」の一覧に掲載されたり、ときにはID剥奪の処分を受けることになります。

COLUMN トラブルの相談と報告

　ヤフオク！でトラブルにあい、どうすればよいかわからないときは、ほかの人に相談すると解決できることがよくあります。また、ヤフオク！に報告しておくことも、サービスの安全性を高めるために重要です。ヤフオク！の健全な運営に協力しましょう。

Yahoo!知恵袋で相談しよう

　自分ではよくわからない問題に関しては、Yahoo!知恵袋が役に立ちます。相談ごとはなるべく主観を交えずに、第三者が読んでどのような状況なのかわかるように説明します。ヤフオク！のことをよくわかっている人はもちろん、たまたま質問を目にした人まで、いろいろな人がアドバイスをしてくれます。

　ただし、特定のユーザーを中傷するような書き込みなどは絶対にしないように気を付けましょう。

Yahoo! 知恵袋
http://chiebukuro.yahoo.co.jp/

ヤフオクに相談・報告するには？

　ヤフオク！で問題が起きたときの報告や問い合わせは、「お問い合わせフォーム」から行います。また、関わりたくないユーザーがいる場合は「マイ・オークション」の「ブラックリスト」（P.173参照）に登録すると、入札などの取り引きの発注を防ぐことができます。

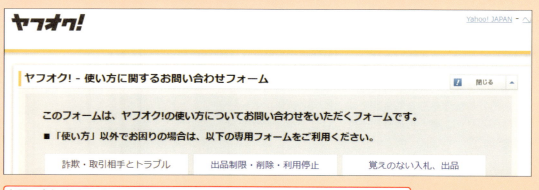

お問い合わせフォーム
https://www.yahoo-help.jp/app/ask/p/2443/form/auction-feedback2-inquiry

URL先から＜次へ＞をクリックすると、お問い合わせフォームにアクセスできます。

第9章

付録

Section 81　ヤフオク！に使える便利ツール集

Section 81 ヤフオク!に使える便利ツール集

インターネット上には、ヤフオク!で出品するときに役立つWebサイトやツールが数多くあります。自分に合うものを見つけて活用すると、作業効率がグーンとアップします。ここでは情報収集や入札、落札、出品などで使える、便利でおすすめなツールをカテゴリごとに紹介します。

ツール
ソフト
アプリ

1 情報収集ツール

Memo ツールは必ず「試用」する

ツールの中には、どのような環境でも問題なく作動するものもあれば、環境によっては正常に動作しないものもあります。重要な取り引きで使う前に、必ず試用をしておきましょう。

ヤフオク!において、情報収集は非常に重要になってきます。そこで、有用なツールを利用して、効率よく情報を集めましょう。

https://aucfan.com/

オークファン
「ヤフオク!」で役立つさまざまな機能が充実した、総合ツールです。

https://aucomp.com/

オークションとネットショップの価格比較 Aucomp!!
いろいろなオークションから、現在価格、終了時間などで一括検索や比較ができます。いちばん安い出品物を探すときなどに便利です。無料。

Hint 入札はツールで冷静に

ツールを使って入札すると、ほしい商品に入札し忘れることを防ぐことができます。また、ほかの入札者を競り合って熱くなり、必要以上に高い金額で落札してしまうことも防ぐことができます。

http://aucfree.com/

オークフリー
「ヤフオク!」などの相場価格を見ることができるツールです。出品価格に悩んだときに活用するとよいでしょう。無料。

Hint 有料ツールと無料ツールの使い分け

ヤフオク!支援ツールは、無料で使えるものから、高額なものまでさまざまな価格のものがあります。まずは無料ツールや無料の体験版から使い始め、収益が上がってきたら、ツールに費用をかけることを検討してもよいでしょう。

2 入札・落札ツール

入札・落札ツールを使うと、自動で入札してくれたり、書き込みをしてくれたりするので、便利です。

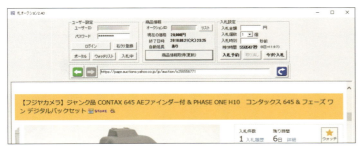

http://www.noncky.net/software/shunsatsu/

瞬殺オークション
設定した日時に入札できます。ライバルに自分の存在を気づかれないように、オークション終了直前に入札することができます。無料。

Step up ヤフオク!用ツールを探す

ヤフオク!で役立つツールは数多くあります。ソフトの配布や販売を行うvector（https://www.vector.co.jp/）などで検索すると、いろいろなツールをダウンロードできます。

http://www.auclinks.com/pata/

ヤフオク取引ぱたぱた2（おーくりんくす）
落札後の取引ナビでの書き込みや「評価」を、1クリックで自動的に入力することができます。無料。

3 出品支援ツール

テンプレートは商品に合ったものを

レイアウトの色やデザインを変えると、商品情報も見やすく、雰囲気のあるページになります。商品の雰囲気に合ったテンプレートを使用すると、落札者側にも商品についてイメージが伝わりやすくなります。

出品支援ツールにはさまざまなものがありますが、**大量の出品物を管理したり、配送についての設定をしたり、取り引きの管理をしたり**できます。

http://apptool.jp/

App Tool
大量の商品をかんたんに一括出品・再出品できるほか、取引ナビや一括評価など落札後の支援機能も充実しています。無料。

http://www.auclinks.com/apm/

オークション プレートメーカー2（おーくりんくす）
きれいなレイアウトの商品説明ページを、かんたんに作ることができます。さまざまなタイプのデザインが、豊富に用意されています。無料。

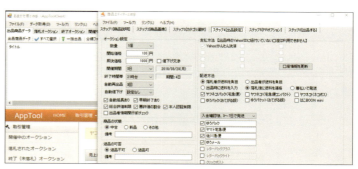

http://www.noncky.net/software/omakasekun/

一括出品おまかせ君2
出品フォームに入力する説明文や画像情報などをファイルに保存しておけば、自動で一括出品することができます。無料。

商品の数が増えるとツールが便利

ヤフオク!を始めたばかりで、数品程度を出品している段階ではそれほど気になりませんが、扱う商品が100点以上に達すると、作業はとても面倒になります。ツールを活用して出品や必要事項の入力などを一括で行うことで、かなり労力を軽減できます。

http://www.auclinks.com/pochi/

ヤフオク出品ぽちぽち3（おーくりんくす）
商品を出品するときに銀行名や配送方法を、1クリックで自動的に入力できます。無料。

http://www.noncky.net/software/sokubaikun/

＠即売くん
出品テンプレートを作成することができます。操作もわかりやすく、商品案内作成、リスト作成、送料の計算、メール作成ができます。無料。

http://www.noncky.net/software/navibrowser/

取引ナビブラウザ2
取引ナビをメールのように扱うことができるツールです。メッセージの送受信はもちろん、取引相手の情報管理やメッセージテンプレートなどの機能もあります。無料。

Hint スマートフォン版ツールも活用しよう

パソコン向けツールの多くには、スマートフォン版アプリを用意しているものもあります。アプリをインストールして、仕入れ先などで役立てましょう。

Step up 取引ナビもツールでわかりやすく

出品者と落札者のやり取りには、ヤフオク！の取引ナビを利用するのが一般的です。ツールを使いこなせば、メッセージの内容確認などをスムーズに行えるようになります。

4 送料関連ツール

送料が決まる要素は、大きさと重さ

定額制のシステムを除いて、荷物の送料は大きさと重さで決まります。ただし、地域によっても異なります。
- 料金が主に重さで決まるもの
  定形外郵便
  ゆうメール
- 料金が主に大きさで決まるもの
  ゆうパック
  宅配便

ヤフオク！では、商品の送料は一般的に落札者が支払います。そのため、**送料を安く抑える**こと、そして**正確な送料を落札者に伝える**ことが重要です。また、「できるだけ早くほしい」という人や、**事故の際の保証**を求める人もいます。以下のWebサイトなどで調べるとよいでしょう。

https://www.post.japanpost.jp/fee/

> **日本郵便 料金計算**
> ゆうパックやゆうメール、郵便などの料金を、届け先や重さなどを指定して計算することができます。無料。

http://www.kuronekoyamato.co.jp/ytc/search/estimate/all_est.html

> **ヤマト運輸 宅急便運賃一覧表：全国一覧**
> クロネコヤマトの宅急便やクール宅急便、メール便などの、全国への配送料を調べることができます。無料。

http://www.shipping.jp/

> **送料の虎**
> 送料がいくらかかるのか、さまざまな送付手段ごとの価格を同時に調べることができます。無料。

家庭で重さを測る方法

家庭で商品の重さを確かめる場合は、身近にある道具で測ることになります。比較的軽いものは、台所で使うようなはかりで計測します。重いものは体重計を利用するとよいでしょう。

5 写真加工ツール

ヤフオク！では、商品写真のよし悪しが、入札数や落札価格にダイレクトに影響します。写真を加工して、商品の魅力が伝わる写真を作成し、有利に取り引きできるようにしましょう。

Memo GIMPのダウンロードの仕方

GIMPは、GIMPのWebページからダウンロードできます。トップページから＜DOWNLOAD＞→＜Download GIMP＞の順にクリックし、画面の指示に従ってダウンロードしましょう。

https://www.gimp.org/

GIMP
無料ながら多機能なグラフィックソフトで、本格的に写真を加工できます。

http://www.photo-kako.com/

写真加工.com
顔写真の修正、イラスト化、写真技法、文字入れ、切り抜きなどの画像加工を行うことができます。無料で利用でき、登録やログインも不要です。

https://www.nonky.net/software/easypict/

Easyピクト
統合させたい画像ファイルをドラッグするだけで、複数の画像を1枚に連結させることができます。これによって、掲載上限以上の写真を見せることができます。無料。

Hint 過度な加工や修正は禁物

少しでも高額で落札されるために、できるだけきれいな写真を掲載したいと思うのは当然です。しかし加工や修正をし過ぎて実物以上によく見えてしまうと、落札後にクレームの原因となりますので、気を付けましょう。

索引

アルファベット

AliExpress ... 136
Amazon ... 125, 137
eBay ... 136
EMS ... 62
Google トレンド ... 126
HTML ... 88
ID 停止 ... 172
Loppi ... 71
SNS ... 127
T ポイント ... 13
Yahoo! JAPAN ... 10
Yahoo!JAPAN ID ... 18
Yahoo! ウォレット ... 16
Yahoo! かんたん決済 ... 38, 53
Yahoo! プレミアム会員 ... 16, 44, 46

あ行

あいまい検索 ... 24
一括再出品 ... 164
ウォッチリスト ... 109
オークファン ... 120, 122
お買いものあんしん補償 ... 176
オタマート ... 133
おまけ ... 110

か行

海外仕入れ ... 136
開始価格 ... 94
過去の落札データ ... 96
過大表現 ... 82
型番 ... 80
家電量販店 ... 129
キーワード ... 78
偽造品 ... 178
偽造品トラブル安心サポート ... 13, 178
キャンセル ... 171
禁止行為 ... 14
クリックポスト ... 68
クレーム ... 180
検索 ... 22
検索条件 ... 24
口座 ... 52
古書店 ... 128
古物商許可証 ... 140
梱包 ... 66

さ行

最高額入札者 ... 31
再出品 ... 108, 160
サイズ ... 81
最低落札価格 ... 95
再入札 ... 33
詐欺 ... 174
仕入れ ... 116
質問 ... 104
自動延長 ... 100
自動再出品 ... 62
自動入札 ... 33
支払い ... 38
写真加工ツール ... 189
写真を補正 ... 75
ジャンク品 ... 138
終了日時 ... 102
出品 ... 44, 58, 143
出品支援ツール ... 186
出品者情報 ... 28
出品者都合 ... 169
出品取消システム利用料 ... 45
出品前の準備 ... 56
商品写真 ... 60, 74, 154
商品詳細ページ ... 26
商品情報の追加 ... 106
商品説明 ... 79, 80, 88
商品タイトル ... 78
商品の状態 ... 81

商品の掃除	76	フリマ出品	114
商品満足サポート	13, 177	不良品	175
情報収集ツール	184	返金・返品対応	86
書類による本人確認	50	本人確認	48
スマートフォンで出品	158		
スマートフォンで入札	148	**ま行**	
送料関連ツール	188	マイ・オークション	32
即決価格	98	マイナスポイントの説明	84
		未着・未入金トラブルお見舞い制度	13
た行		みんなのチャリティー	25
ターゲット	102	ミンネ	132
地域限定の商品	130	迷惑メール	173
注目のオークション	113	儲かる商品	118
通販サイト	124	モバイル確認	49
データ分析	122		
適正価格	94	**や行**	
特定商品	15	ヤフオク!	10
匿名配送	13, 70	ヤフオク!アプリ	142
トラブル	168	ヤフオク!アプリでログイン・ログアウト	146
トラブルの相談	182	ヤフオク!アプリのインストール	144
取引オプション	62	ヤフオク!護身術	12
取り引き中止	169	ヤフオク!ストア	13
取引ナビ	34	ゆうプリタッチ	71
		有料オプション	112
な行			
入札	30, 143	**ら行**	
入札・落札ツール	185	落札システム利用料	45
ネコピット	71	落札者	64, 162
値下げ交渉	94	落札者都合	171
ネット問屋	134	落札相場検索	120
		レア商品	118
は行		連絡掲示板	170
配送サービス	68	ログイン・ログアウト	20
配送事故	179		
破損	176		
発送	66, 163		
評価	42, 72		
ブクマ!	132		

お問い合わせについて

本書に関するご質問については、本書に記載されている内容に関するもののみとさせていただきます。本書の内容と関係のないご質問につきましては、一切お答えできませんので、あらかじめご了承ください。また、電話でのご質問は受け付けておりませんので、必ずFAXか書面にて下記までお送りください。
なお、ご質問の際には、必ず以下の項目を明記していただきますよう、お願いいたします。

1. お名前
2. 返信先の住所またはFAX番号
3. 書名（今すぐ使えるかんたん ヤフオク！とことん稼ぐ 攻略ガイドブック）
4. 本書の該当ページ
5. ご使用のOSとソフトウェアのバージョン
6. ご質問内容

お送りいただいたご質問には、できる限り迅速にお答えできるよう努力いたしておりますが、場合によってはお答えするまでに時間がかかることがあります。また、回答の期日をご指定なさっても、ご希望にお応えできるとは限りません。あらかじめご了承くださいますよう、お願いいたします。

問い合わせ先

〒162-0846
東京都新宿区市谷左内町21-13
株式会社技術評論社　書籍編集部
「今すぐ使えるかんたん ヤフオク！とことん稼ぐ 攻略ガイドブック」質問係
FAX番号　03-3513-6167

URL：https://book.gihyo.jp/116

お問い合わせの例

FAX

1 お名前
　技術　太郎

2 返信先の住所またはFAX番号
　03-XXXX-XXXX

3 書名
　今すぐ使えるかんたん
　ヤフオク！とことん稼ぐ
　攻略ガイドブック

4 本書の該当ページ
　88ページ

5 ご使用のOSとソフトウェアのバージョン
　Windows 10

6 ご質問内容
　手順3の画面が表示されない

※ご質問の際に記載いただきました個人情報は、回答後速やかに破棄させていただきます。

今すぐ使えるかんたん
ヤフオク！とことん稼ぐ 攻略ガイドブック

2018年11月9日　初版　第1刷発行

著　者●リンクアップ
発行者●片岡　巌
発行所●株式会社　技術評論社
　　　　東京都新宿区市谷左内町21-13
　　　　電話　03-3513-6150　販売促進部
　　　　　　　03-3513-6160　書籍編集部
編集●リンクアップ
装丁●田邉　恵里香
本文デザイン・DTP●リンクアップ
担当●伊藤　鮎
製本／印刷●大日本印刷株式会社

定価はカバーに表示してあります。

落丁・乱丁がございましたら、弊社販売促進部までお送りください。
交換いたします。
本書の一部または全部を著作権法の定める範囲を超え、無断で
複写、複製、転載、テープ化、ファイルに落とすことを禁じます。

©2018　リンクアップ

ISBN978-4-297-10076-6 C3055
Printed in Japan